ÉTUDE

SUR

LA VANILLE

PAR A. DELTEIL

Pharmacien de 1re classe de la Marine, Membre de la Chambre d'Agriculture de la Réunion
Et du Comité d'Exposition permanente Coloniale

PARIS
CHALLAMEL AINÉ, LIBRAIRE-ÉDITEUR
CHARGÉ DE LA VENTE DES CARTES ET PLANS DE LA MARINE
COMMISSIONNAIRE POUR LA MARINE, LES COLONIES ET L'ORIENT
30, rue des Boulangers-Saint-Victor, et 27, rue de Bellechasse

1874

ÉTUDE SUR LA VANILLE

PRÉFACE

Le sujet que nous traitons aujourd'hui a déjà fait l'objet de plusieurs publications fort instructives qui ont été lues avec intérêt dans les divers journaux de la Colonie. La brochure de M. David de Floris, entr'autres, écrite en 1857, renfermait des conseils et des renseignements précieux, fruit d'une longue et habile expérience, dont les planteurs ont dû souvent profiter pour l'emploi des meilleures méthodes de culture et de préparation des gousses de vanille. Nous avons été frappé, néanmoins, de l'absence d'un travail complet, généralisant l'étude de la vanille dans tous ses détails et montrant l'histoire de cette plante sous ses divers aspects. Nous avons essayé de combler cette lacune et nous nous sommes efforcé de sortir du cadre étroit, limité à la Colonie, dans lequel on s'était tenu renfermé jusqu'à ce jour.

On peut dire que la vanille est une plante mal connue, non-seulement ici, mais même en Europe. On est à peine fixé sur le nom véritable des espèces cultivées au Mexique, à la Guyane, à la Réunion, et qui fournissent au commerce toute sa vanille. Les auteurs, même les plus récents, sont remplis de contradictions à cet égard. Quant aux procédés de préparation des gousses, ils sont aussi mal connus que possible.

Nous avons donc eu l'ambition, non-seulement de fournir aux planteurs les renseignements utiles qui leur manquent et qu'ils auraient pu difficilement se procurer, mais nous avons pensé qu'au moment où la Colonie songeait à envoyer ses beaux produits en vanille à l'exposition de Vienne, il était bon qu'ils fussent accompagnés d'une notice indiquant, autant que possible, tout ce qu'il est intéressant de connaître sur cette précieuse orchidée.

Le programme que nous avons suivi, dans ce travail, renferme quelques chapitres traitant de matières purement scientifiques, qui pourraient être considérées comme des hors-d'œuvre d'une utilité fort contestable. Mais nous avons la certitude que les planteurs intelligents nous sauront gré d'être entré dans cette voie et de leur avoir donné les moyens de faire une étude, à peu près complète, de la plante qu'ils ont chaque jour sous les yeux. N'est-il pas naturel que chacun connaisse les notions qui doivent servir de base à la pratique de sa profession, et le planteur voudrait-il être le seul à ignorer, soit pour la culture de la canne, soit pour celle de la vanille, les connaissances scientifiques qui doivent lui servir de guide pour les applications pratiques? On peut bien se borner à savoir que la vanille est une liane qui se plante de bouture, se féconde mécaniquement et produit des gousses que l'on prépare par le procédé classique de l'eau bouillante; mais un peu de science n'empêchera point le planteur de préparer des vanilles tout aussi belles; et de plus, elle aura l'avantage d'ouvrir son esprit à des perfectionnements auxquels il n'aurait peut-être jamais songé sans cela. Du reste, nous sommes d'avis de réagir fortement contre cette tendance trop générale de rabaisser l'intelligence de ses lecteurs en évitant de sortir du domaine du terre à terre et de la pratique. La science a droit de cité partout maintenant, à condition qu'elle parle un langage clair; et la théorie scientifique doit prendre place dans toutes les branches de nos connaissances, même les plus modestes.

Nous avons mis à contribution, pour nous fournir les renseignements dont nous avions besoin, les travaux et les notes des habitants de la Colonie qui se sont occupés déjà de cette importante question. A MM. Volsy Focard et A. Legras nous avons emprunté ce qui a trait à l'historique de l'introduction de la vanille et de la fécondation artificielle; à MM. David de Floris, etc., des indications sur les meilleures méthodes de culture et de préparation de la vanille; à MM. le Dr J. de Cordemoy et Conte leurs idées et leurs recherches sur la maladie de cette orchidée. Nous avons, en outre, compulsé un très-grand nombre de publications étrangères qui nous ont permis de compléter les connaissances un peu trop restreintes dont on s'était contenté jusqu'ici.

Pour rendre plus claires certaines explications relatives à la botanique et à la constitution anatomique de la fleur, pour bien montrer la forme et la place des organes mâle et femelle et le mécanisme de la fécondation artificielle, nous avons eu recours à des figures détaillées dues au crayon de MM. Cassien et Roussin, qui ont bien voulu nous aider de leur talent.

Nous avons joint à l'histoire de la vanille une courte notice sur le *Faham*, cette autre orchidée connue dans le monde entier sous le nom de *thé de l'île Bourbon*. Cette plante devait naturellement trouver sa place à la suite de la vanille.

ÉTUDE SUR LA VANILLE

CHAPITRE Ier

Vanille. — Sa description botanique. — Historique de son introduction à la Réunion. — Découverte de la fécondation artificielle et du procédé de préparation à l'eau bouillante.

1° DESCRIPTION BOTANIQUE

Etymologie. — Le nom de *vanille* vient du mot espagnol *vainilla*, diminutif de *vaïna*, qui signifie *gaîne*, en raison de la forme allongée de son fruit.

Synonymie. — On l'appelle *Banilla* en espagnol, et *Tilxochitl* en mexicain.

Famille, Genre, Espèces. — La vanille appartient à la famille des *orchidées*, tribu des *arethusées*. — Linné l'avait autrefois placée dans le genre *Epidendrum*; mais le botaniste Swartz, qui plus tard l'a mieux étudiée, en a fait un genre spécial : le genre *vanilla*.

Les espèces qui fournissent au commerce le produit si suave et si parfumé, connu sous le nom de vanille, appartiennent à différentes contrées.

Au Mexique, se rencontrent principalement les *V. sativa, sylvestris, planifolia et pompona* à fleurs rouges et blanc verdâtre.

A la Guyane et à Surinam :

Le *V. guyanensis* à fleurs jaunes et à gousses grosses et courtes.

A Bahia :

Le *V. palmarum*.

Au Brésil et au Pérou :

Le *V. aromatica*, la moins aromatique de toutes.

Dans les serres du Muséum de Paris et celles de Belgique :

Le *V. planifolia*, à fleurs blanc verdâtre.

Il existe actuellement à la Réunion deux espèces de vanille : l'une, appelée grosse *vanille*; l'autre, petite *vanille*. Sans nous prononcer, dès à présent, sur le nom scientifique qu'il convient de leur donner, nous nous contenterons simplement de les décrire.

La *petite vanille* présente les caractères suivants :

Plante sarmenteuse, couleur vert-glauque, pouvant atteindre 10 à 15 mètres de hauteur, et même des centaines de mètres quand elle n'est pas arrêtée dans son ascension.

Racines de deux sortes : souterraines et aériennes. Les premières s'étendent de 0 m. 50 à 1 m. de rayon en tous sens, et ne s'enfoncent guère dans le sol à plus de 3 à 4 centimètres de profondeur. Elles ont la grosseur d'un tuyau de plume, sont arrondies à leurs extrémités et garnies, sur toute leur périphérie, de spongioles courts, ayant l'aspect de poils hérissés. Les racines aériennes se développent à l'aisselle des feuilles, à côté des vrilles avec lesquelles on ne peut les confondre. Elles partent souvent de très-haut, glissent le long de l'écorce des arbres sur lesquels la vanille est attachée, en s'y incrustant elles-mêmes, et gagnent le sol où elles s'enfoncent pour constituer à leur tour de vraies racines.

La tige, de la grosseur du doigt environ, est simple quand elle monte toute droite sur les arbres élevés ; elle devient rameuse et se subdivise en plusieurs autres tiges, lorsque, pour les besoins de la culture, on l'enroule autour des tuteurs ; elle est noueuse, cylindrique, gorgée intérieurement d'un suc visqueux et corrosif (1), qui se trouve répandu dans toutes les parties de la plante. Elle s'accroche à l'écorce des arbres, au moyen de suçoirs, vrilles ou crampons aplatis, de longueur différente et partant de chaque noeud. Elle décrit, pendant son ascension, des zigzags de droite à gauche, d'un nœud à un autre. La tige coupée se conserve assez longtemps avec toutes les apparences de la vigueur ; mais il y a un temps d'arrêt dans la pousse du bourgeon terminal jusqu'à ce que les racines aériennes, partant en grand nombre de l'aisselle des feuilles, arrivent au sol et y puisent les sucs nécessaires à la nutrition de la plante. Les suçoirs peuvent bien, jusqu'à un certain point, concourir à l'entretien de la plante et lui fournir l'humidité qui lui est nécessaire ; mais tout porte à croire que la vanille s'alimente exclusivement au moyen de ses deux sortes de racines.

Les feuilles sont alternes, entières, ovales, oblongues, acuminées, garnies de nervures longitudinales peu apparentes, longues de 15 à 20 centimètres et larges de 6 à 8 centimètres. Elles apparaissent à chaque nœud de la tige, mais opposées aux vrilles.

Les fleurs sessiles naissent à l'aisselle des feuilles et sont disposées en épis, portées sur un axe commun gros et charnu, et accompagnées de bractées ; elles sont d'un blanc verdâtre, au nombre de 15 à 20 par grappe.

(1) Ce suc, mis en contact avec la peau, fait l'effet d'un vésicatoire.

Elles sont composées :

1° D'un calice pétaloïde, articulé avec l'ovaire, à 6 divisions : 3 extérieures et 3 intérieures.

Les trois externes sont constituées par des pétales égaux, oblongs, un peu étalés et ouverts; les trois autres, par deux pétales un peu plus minces et plus délicats que les précédents et portant à la face dorsale une nervure longitudinale très-accusée; le 3e pétale est en forme de cornet ou d'entonnoir, soudé presqu'entièrement avec la colonne qui supporte les organes générateurs, et dilaté à son ouverture. A l'intérieur on y voit un appendice composé de petites lamelles juxtaposées, ayant l'apparence d'une petite brosse.

2° D'organes de fécondation portés sur une sorte de colonne allongée qu'on désigne en botanique sous le nom de *gynostème*.

L'organe mâle se trouve à l'extrémité du gynostème, dans une petite capsule séparée de l'organe femelle par une membrane spéciale qui fait partie du *stygmate* (sommet de l'organe femelle). Cette capsule renferme une étamine attachée par un filet mince et élastique; elle est recourbée vers le bas. L'anthère de cette étamine a la forme cordée et se compose de deux masses de pollen agglutiné; l'ouverture en est béante, mais cachée en dessous par la membrane séparatrice dont nous avons parlé plus haut.

L'organe femelle est constitué par l'ovaire, rudiment du fruit, long de 3 à 4 centimètres, un peu infléchi et contourné, et par le stigmate sur lequel repose la capsule de l'étamine. Ce stigmate constitue lui-même une espèce de réceptacle, formé par 4 petites valves qui s'adaptent l'une avec l'autre. Deux de ces valves sont latérales, mais à peine saillantes; la troisième, supérieure, très-développée, a la forme d'un opercule dépassant l'organe mâle et le séparant complétement de l'organe femelle; la quatrième est inférieure, plus petite que la précédente (la supérieure) qui s'applique sur elle et la cache. Enfin l'intérieur du stigmate est canaliculé et correspond avec l'ovaire au moyen de la colonne charnue qui le surmonte. Son sommet est couvert d'une matière visqueuse destinée à retenir le pollen, pour l'accomplissement de l'acte de la fécondation.

Le fruit est une capsule charnue, verte avant son entière maturité, longue de 0 mètre 15 à 0 mètre 25; l'extrémité qui s'attache à la tige a la forme d'une crosse. Lorsque la gousse est tout à fait mûre, elle a passé du vert au jaune, puis au brun chocolat, en se desséchant un peu, et s'ouvre en deux valves, dont l'une plus grande que l'autre porte une saillie qui rend ce fruit comme triangulaire et l'a fait passer longtemps pour être à 3 valves.

A l'état de maturité complète, le fruit dégage une odeur des plus suaves qui se perçoit à une assez grande distance. Il peut rester ainsi plusieurs mois sur la tige sans s'en détacher.

Les graines sont en quantité innombrable, petites, noires, à testa dur et chagriné; elles sont entourées d'une huile grasse, colorée ou jaune et un peu odorante, même quand la gousse est encore verte.

Les graines, provenant de nos vanilles cultivées, sont généralement considérées comme stériles. Aublet, un des plus anciens botanistes qui aient écrit sur la vanille, affirme avoir vu pousser des graines de vanille semées auprès des criques d'eau salée, à la Guyane. Le commandant Philibert parle également des semis de graines, dans ses instructions sur la culture de la vanille, publiées en 1819 dans les journaux de la Colonie.

Pour arriver à faire un essai sérieux, il faudrait détacher les graines d'un fruit mûri naturellement sur pied et provenant d'une liane vigoureuse qui n'aurait pas été fatiguée par des fécondations multipliées, les placer dans un linge et les laver à plusieurs reprises dans de l'eau de savon, pour en détacher la matière grasse qui les enduit. On les exposerait ensuite au soleil pour les sécher, puis on les mélangerait avec un peu de sable fin ou de cendre, pour séparer les graines les unes des autres. Cela fait, il n'y aurait plus qu'à les semer dans une caisse où l'on aurait préparé un mélange, passé au crible, d'humus bien consommé, de terre de scolopendre et de sable. Par des arrosements modérés et une exposition ménagée au soleil, il serait possible d'obtenir de jeunes plants. C'est une expérience qui a déjà été tentée chez plusieurs habitants avec quelque succès, dit-on.

L'autre espèce, dite *grosse vanille*, possède une tige beaucoup plus grosse que la précédente et des feuilles plus grandes; les fleurs sont plus larges et plus jaunes et les fruits plus gros, plus courts, et triangulaires.

Cette vanille était autrefois cultivée par quelques habitants; mais on lui a reconnu, depuis longtemps, le désavantage de se féconder très-difficilement et de donner des fruits moins nombreux et moins aromatiques que ceux de la précédente. Aussi a-t-elle été généralement abandonnée. On ne la trouve plus qu'à l'état de curiosité sur quelques rares habitations.

2° HISTORIQUE DE SON INTRODUCTION DANS LA COLONIE

Sa patrie. — La vanille est originaire de l'Amérique méridionale. Elle croît spontanément au Mexique, dans la Baie de Campêche, le Yucatan, le Honduras, les environs de Carthagène, l'Isthme de Panama, à la Guyane, aux Antilles, au Brésil et au Pérou. M. Perrotet, botaniste voyageur, l'a rencontrée, en 1820, à Manille, dans les forêts de San-Mattéo, où sa présence était complétement ignorée des habitants du pays.

Son introduction en Europe. — Elle a été transportée en Europe en 1793 par le jardinier Millier. Ce n'est qu'en 1812 qu'on a commencé à la cultiver sérieusement, dans les grandes serres de Belgique et du Muséum de Paris.

Son introduction à la Réunion. — Il existe d'assez profondes contradictions relativement à l'époque de l'introduction de la vanille à la Réunion. MM. Volsy Focard et A. Legras, qui ont publié dans les bulletins de la Société des Sciences et Arts deux notes fort intéressantes sur cette question, s'accordent à en faire remonter l'honneur au commandant Philibert, en l'année 1819. D'un autre côté, M. Perrotet et M. Marchant, ancien ordonnateur, s'en attribuent le mérite, à deux dates postérieures et antérieures à 1819, et appuient cette revendication de preuves fort convaincantes. Il résulte, pour nous, de la saine appréciation des faits, qu'il y a eu, dans la Colonie, trois importations de vanilles d'espèces différentes et à trois époques fort distinctes. Voici les versions qui nous ont été rapportées et que nous mettons sous les yeux du lecteur :

1° En 1819, le capitaine de vaisseau Philibert, créole de la Réunion, commandant les gabares de l'État le *Rhône* et la *Durance*, prit, en passant à Cayenne, sur l'habitation la *Gabrielle* (ancien domaine du général de La Fayette), plusieurs espèces de lianes de vanille ainsi que d'autres végétaux et graines qu'il supposait pouvoir être acclimatés dans son pays natal. Il arriva à la Réunion le 26 juin de la même année. Il avait à son bord M. Perrotet, qui l'accompagnait en qualité de jardinier botaniste. Ce dernier donna ses soins aux plants durant la traversée, qui fut très-longue. Il leur permit probablement de se conserver jusqu'à la Colonie, à laquelle ils étaient destinés ; mais, comme plus tard il prétendit avoir eu seul l'initiative de cette première importation de lianes de vanille, il est intéressant de mettre sous les yeux du lecteur la lettre de M. Philibert au baron Millius, gouverneur de Bourbon, écrite le 3 juillet 1819, en réponse à quelques récriminations de celui-ci, relativement à l'usage qu'il avait fait de ses plants de vanille. Cette pièce importante vient détruire complétement l'assertion de M. Perrotet.

« J'ai eu l'honneur de vous dire que je n'étais nullement chargé de « porter ici les végétaux que j'ai introduits dans cette colonie. Le « Gouvernement aurait pris une voie plus courte ; et, à Cayenne, on « ignorait absolument ce qui pouvait lui convenir. C'est par l'intérêt

« que je porte à Bourbon; c'est par zèle à faire ce que je crois être « utile à notre patrie, que j'ai sollicité de M. le commandant et administrateur pour le Roi à Cayenne, de me donner les plantes et « graines que je crois être utiles à cette colonie... J'obtins des pieds « de vanillier de plusieurs habitants, afin d'en avoir qui fussent venus « sur des terrains différents. J'ai fait tous mes efforts, j'ai pris toutes « mes précautions pour les conserver.... »

Les boutures des vanilles de Cayenne furent distribuées à plusieurs habitants sur différents points de l'Ile et entr'autres au Jardin du Roi et à Mme Fréon, au domaine de Belle-Eau. Elles réussirent dès le début, puisqu'une année après, lorsque le commandant Philibert revint à Bourbon, de retour de son expédition à Manille, il apprit que ses boutures avaient poussé des rejetons de 6 pieds de longueur. (*Feuille Hebdomadaire de Bourbon*, 27 juin 1819 et 6 mai 1820.)

2° En 1820, pendant le séjour de l'expédition du même commandant Philibert à Manille, M. Perrotet découvrit au milieu des forêts vierges de cette île une espèce de vanille différente de celle de Cayenne. Il se hâta d'en recueillir de nombreuses tiges qu'il porta à bord et conserva par des procédés spéciaux qu'il n'est pas inutile de décrire, puisqu'ils ont donné de si bons résultats.

La méthode suivie, pendant le voyage précédent, consistait à prendre de courtes boutures de vanille, à les piquer dans des caisses garnies de terre et à les arroser souvent. Cette trop grande humidité causée par l'eau qui restait souvent stagnante dans les caisses, amena le dépérissement de beaucoup de lianes. Cette fois-ci, M. Perrotet prit des tiges de 4 à 5 mètres de longueur, les roula sur elles-mêmes en forme d'anneaux circulaires et les coucha horizontalement à la superficie du sol des caisses, qu'il se contenta ensuite d'arroser modérément pour empêcher le tissu organique des lianes de se dessécher. Les caisses étaient recouvertes d'une toile métallique serrée pour les mettre à l'abri des rayons du soleil. Elles arrivèrent à la Réunion, après deux mois et demi de traversée, dans un parfait état de conservation, ayant même poussé des vrilles et des bourgeons.

Ces boutures furent déposées entre les mains de M. Bréon, jardinier botaniste du Jardin du Roi, le 6 mai 1820, ainsi que 74 espèces de plantes vivantes, une caisse de graines en germination de *caryota urens*, 70 sachets de graines et 216 autres plantes.

D'après M. Perrotet, cette vanille, distribuée à un très-grand nombre d'habitants, réussit presque partout; elle différait de la vanille de Cayenne par une tige moins grosse, des feuilles moins grandes et moins charnues, d'un vert moins foncé; enfin par un fruit plus grêle, plus strié, plus long et plus aromatique.

Cette fois-ci, l'honneur de l'introduction à la Réunion de cette odorante orchidée revient bien tout entier à M. Perrotet.

3° Enfin, en 1822, et non point en 1817 (comme le dit M. de Floris dans sa brochure, en faisant une erreur de date), M. Marchant profita d'un voyage qu'il fit en France pour se procurer, au Muséum de Paris, des boutures de la vanille du Mexique qu'on y cultivait en serres chaudes depuis le siècle dernier. Cette excellente idée lui vint, dit-on, à propos des insuccès qu'il avait constatés à l'égard des vanilles précédemment importées. Il paraît, en effet, que les vanilles de MM. Philibert et Perrotet, pour des causes qu'on ne nous dit pas, avaient péri presque toutes quelques temps auparavant. Autrement, comment s'expliquerait-on la démarche de M. Marchant pour introduire une troisième fois des vanilles dans une colonie qu'il habitait depuis longtemps et où il devait connaître l'existence de ces orchidées, si celles-ci eussent continué à se développer vigoureusement comme au début de leur importation?

Ces vanilles furent placées dans deux caisses vitrées et transportées à Bourbon, sur le navire de commerce commandé par M. de Floris, capitaine au long cours. On les déposa, à leur arrivée, à Belle-Eau, et c'est de là qu'elles furent distribuées peu à peu dans toutes les parties de l'Ile.

Il faut donc admettre, faute de documents plus affirmatifs en ce qui touche cette intéressante question de l'origine de nos vanilles, que les deux espèce existant aujourd'hui sont :

La plus grosse espèce, le *vanilla guyanensis*, dont on voit encore une descendante de la liane-mère à Sainte-Marie, chez M. Siere de Fontbrune. C'est, en un mot, une des espèces importées par le commandant Philibert, en 1819.

L'autre, la petite espèce, est, selon toute probabilité, le *vanilla planifolia*, la plus recherchée et la plus estimée de vanilles du Mexique.

Mais, nous dira-t-on, d'après la plupart des auteurs, les fleurs de la vanille du Mexique passent pour être de couleur rouge. Si nous nous en rapportons, en effet, à la vieille Encyclopédie de 1787, à la Flore médicale de Chaumeton et Poiret, à la Flore des Antilles des Descourtils, nous y voyons que les fleurs de la vanille mexicaine sont décrites comme offrant cette coloration rouge et qu'on désigne cette espèce sous le nom d'*epidendrum rubrum*; mais si nous consultons l'ouvrage de Spach (suite à Buffon, édition 1846), nous lisons, au contraire, que ce botaniste, plus savant et plus circonspect que les autres, tout en faisant avec soin l'énumération et la description des différentes espèces de vanille, avoue son ignorance relativement à la couleur des fleurs de la vanille du Mexique, qui fournit au commerce ses gousses les plus odorantes.

Pour arriver à quelque certitude à cet égard, il faut s'en rapporter au Dictionnaire d'histoire naturelle de d'Orbigny (édition 1849). Il dit, en effet, que l'histoire des vanilles a été longtemps enveloppée d'obscurité et qu'aujourd'hui même elle laisse à désirer sous bien des points de vue. Quant aux vanilles du Mexique, les unes sont à fleurs rouges et d'autres à fleurs vertes; mais la plus connue, d'après l'opinion de d'Orbigny serait la *vanille à feuilles planes* et à fleurs blanc verdâtre, le *vanilla planifolia*. La description qu'il en donne indique une plante exactement semblable à la nôtre. Il a soin d'ajouter que c'est cette espèce qu'on cultive avec succès dans les serres de l'Europe et qui fournit la plus grande partie de la vanille du commerce.

Il est donc fort rationnel de penser que cette espèce de vanille est bien la même que celle que M. Marchant a transportée à Bourbon, en 1822, et que nous avons par conséquent, ici, la vanille du Mexique.

Quoi qu'il en soit, chacun des hommes que nous avons cités mérite, par ses généreux efforts, la reconnaissance de la Colonie. Et si ce fut M. Marchant qui réussit, en dernier lieu, à importer une espèce de vanille qui parvint à s'acclimater dans le pays, il ne faut pas oublier les tentatives des deux premiers, dues à leur seule initiative et au désir de doter la Réunion d'une plante si précieuse.

3° FÉCONDATION ARTIFICIELLE DE LA VANILLE

La fleur de la vanille, par la disposition particulière de ses organes mâle et femelle séparés l'un de l'autre par une large membrane qui met obstacle à leur rapprochement, se féconde assez difficilement par elle-même. On prétend que les vanilles du Mexique se couvrent de fruits naturellement, sans aucun secours étranger. Nous croyons cette assertion difficile à accepter. Il nous a toujours semblé (et c'est ce que nous avons observé souvent à la Guyane) que la vanille livrée à elle-même produisait à peine une ou deux gousses par pied de vanillier; et encore pensons-nous qu'il faut attribuer cette fécondation au passage d'un insecte ailé, ou à l'action des vents qui détachent le pollen de l'anthère et occasionnent accidentellement la fécondation.

Ainsi la nature avait condamné cette précieuse orchidée à rester presque stérile; mais l'homme, animé du désir de tirer le plus grand profit de la gousse si odorante des vanilles, chercha et trouva bientôt le moyen de la féconder artificiellement.

En Europe. — Le procédé de la fécondation artificielle fut appliqué en France, pour la première fois, en 1830, par Neumann, dans les serres du Jardin des Plantes; et, en 1836, par Morren dans les serres de Liége. En 1839, M. Perrotet, à son dernier voyage à la Réunion, indiqua le procédé suivi par Neumann à MM. Patu de Rosemont, Beaumont et Lépervanche.

Aux Antilles. — En 1842, M. Dupuy, pharmacien de 1re classe de la marine à la Guadeloupe, adressa au Président du Comité d'agriculture de Saint-Denis un rapport fort intéressant sur la vanille, où il décrivait d'une façon très-minutieuse les procédés de culture et de fécondation qu'il avait préconisés aux Antilles; il coupait, au moyen de ciseaux très-effilés, le labelle ou opercule qui empêche les organes mâle et femelle de se mettre en contact et la fécondation avait lieu. Cette méthode fut considérée comme peu pratique, et ne fut pas employée à la Réunion.

A la Réunion. — C'est vers cette époque, en 1841 ou 1842, qu'un jeune noir du nom d'Edmond Albius, esclave de M. Ferréol Beaumont Bellier, habitant de Sainte-Suzanne, homme fort versé dans l'étude de la botanique, découvrit un moyen simple et rapide de féconder la vanille, en voyant son maître pratiquer les rapprochements sexuels entre les fleurs. C'est le procédé actuellement suivi par tous les planteurs de vanille dans la Colonie, et qui consiste à soulever le labelle sous l'anthère de manière à ce que celui-ci se trouve en contact direct avec le stigmate.

4° PRÉPARATION DES GOUSSES DE VANILLE

Cette découverte était un grand pas vers l'exploitation industrielle de la vanille; mais elle ne devint réellement féconde en bons résultats que quand on sut préparer les gousses par une méthode qui permît de les offrir au commerce sous la forme et l'aspect des vanilles du Mexique.

Ancien procédé. — Jusqu'en 1851 on ne connaissait, en effet, d'autre méthode de préparation que celle qui consistait à cueillir les gousses, à les suspendre à l'ombre et à les entourer de bandelettes pour les empêcher de se dessécher; le commerce faisait peu de cas des produits préparés de cette façon et on n'envoyait en France que des gousses fendues.

Procédé à l'eau bouillante. — C'est en 1851 qu'un honorable habitant de Saint-André, M. Loupy, appliqua, pour la première fois, le *procédé à l'eau bouillante*, qui se trouvait décrit par Aublet dans l'Encyclopédie méthodique de 1787. Il réussit, dit-il, au delà de toute espérance. Il fit part alors de sa manière de faire à MM. de Treffy, Eugène Martin, de Floris et Patu de Rosemont, qui l'employèrent à leur tour et n'eurent qu'à s'en louer. A partir de cette époque, la culture de la vanille et la préparation des gousses prirent une extension considérable et la Colonie se trouva réellement dotée d'une fructueuse industrie.

Les noms de l'esclave Edmond Albius et de M. Loupy viennent donc s'ajouter à la liste de ceux qui ont eu les premiers l'honneur de l'introduction de la vanille à la Réunion. Ils ont achevé l'œuvre que ceux-ci avaient commencée; et, à ce titre, ils sont dignes de prendre place à côté de MM. Philibert, Perrotet et Marchant.

Ainsi la culture de la vanille a parcouru trois phases bien distinctes :

De 1819 à 1841, elle reste stationnaire, faute de connaître le procédé de fécondation des fleurs et de préparation des gousses.

En 1841, on commence à créer des vanilleries ; une des plus grandes difficultés était surmontée : la fécondation artificielle des fleurs.

Enfin, en 1851, le dernier obstacle était franchi, et les marchés de la Métropole acceptaient, presque sur le même pied que la vanille du Mexique, la vanille préparée par le procédé d'Aublet, préconisé et modifié par M. Loupy.

CHAPITRE II

Culture — Fécondation — Récolte

1° CULTURE

Nous allons exposer, d'une manière générale, les conditions de sol et de climat les plus favorables au développement de la vanille, indiquer le choix des tuteurs qui lui conviennent et la meilleure méthode pour se procurer de bonnes boutures ; puis nous décrirons la marche à suivre pour établir une plantation de vanille.

La vanille, à l'état sauvage, se plaît dans les terrains humides, dans les lieux bas et marécageux (1), sur le bord des criques, des ruisseaux et des rivières, dans les endroits où l'ombrage des bois la met à l'abri des trop vives ardeurs du soleil, partout enfin où la terre conserve une fraîcheur permanente.

Sol. — Le *sol* qui convient le mieux à la vanille est celui qui est riche en humus, poreux, friable et léger ; il permet ainsi aux racines de s'étendre en tous sens et à l'excès d'eau de s'écouler facilement. Un sol trop argileux, susceptible de se fendiller pendant la sécheresse, ou d'absorber trop d'humidité pendant les pluies, ne peut être que nuisible à cette plante.

La vanille pousse très-bien dans les anfractuosités des roches, où se trouvent des débris végétaux décomposés, et sur les sols graveleux formés par les anciens lits des bras de rivières.

Climat. — La vanille ayant besoin d'humidité constante, exige un *climat* où les pluies soient fréquentes, mais modérées ; elle languit et végète dans les localités trop éprouvées par la sécheresse et les grands vents de mer, à moins qu'elle ne soit bien abritée et soumise à une irrigation ménagée. Les points de l'Ile qui nous paraissent le

(1) A la Guyane, d'après le botaniste Aublet, cette plante aime à être arrosée par les eaux salées et saumâtres ; et ce n'est que dans les lieux sauvages, couverts de grands arbres et de palétuviers, toujours humides et souvent inondés par les grandes marées, que se trouvent les vanilles.

mieux convenir à la culture de la vanille sont : Saint-Paul, Sainte-Suzanne, Saint-André, Saint-Benoît et Saint-Denis (1).

Elle aime également les températures chaudes, s'élevant à une moyenne de 30° environ, ainsi que cela a lieu au Mexique et à la Guyane. Elle s'acclimate néanmoins dans les régions où la température s'abaisse au-dessous de 20° comme à la Réunion, et s'accommode assez bien des hautes altitudes de 300 à 400 mètres au-dessus du niveau de la mer (Saint-François et le Brûlé). Mais la vanille importée dans la Colonie n'a pu réellement s'habituer à notre climat et supporter facilement les fécondations multipliées qu'on lui a fait subir depuis 20 ans, que parce qu'elle avait d'abord éprouvé un commencement d'acclimatation dans les serres du Muséum de Paris, et qu'ensuite on l'a laissée, pendant de longues années, pousser à sa guise, sans la féconder.

La grosse vanille de Cayenne, qui était venue directement de la Guyane, sans passer par les conditions favorables où *la vanille à feuilles planes* s'est trouvée, ne s'est réellement jamais acclimatée ici d'une manière complète, puisqu'elle noue très-difficilement après la fécondation et qu'elle produit des gousses dont l'odeur faible ne rappelle nullement celle des fruits si parfumés de la vanille de Cayenne.

Tuteurs. — La vanille, étant une plante grimpante, a besoin de *tuteurs* pour soutenir ses tiges longues et flexibles. On peut dire que tous les arbres peuvent servir de tuteurs, à condition qu'ils ne soient pas susceptibles de changer d'écorce. Ceux dont on fait habituellement usage sont :

Le Manguier (Mangifera indica), — Le Bois noir (Acacia Lebbeck), — Le Sang dragon (Pterocarpus indicus), — Le Jacquier (Artocarpus integrifolius), — Le Bibassier (Eriobotrya japonica), — L'Avocatier (Laurus persea), — Le Ouatier (Bombax malabaricum), — Les Figuiers (Ficus elastica et indica), — Le Pignon d'Inde (Jatropha curcas), — Le Bois-Chandelle (Dracœna tesselata), — Le Manioc (Jatropha manihot).

Ces trois derniers sont employés surtout dans les plantations qu'on veut créer de toutes pièces, sur des sols nus et sans ombrage ; ils ont l'avantage de pousser rapidement et de fournir un assez bon abri.

(1) Depuis 18 mois, on a planté des boutures de vanille au *Bois-Blanc*, localité située près du volcan, entre Sainte-Rose et Saint-Philippe. — Les lianes, plantées sous bois, sur un terrain léger provenant de la décomposition des laves et riche en humus, sont d'une exubérance prodigieuse qui fait bien augurer de l'avenir de ces nouvelles plantations. — Le Bois-Blanc est une localité très-humide et abondamment arrosée. — Les forêts y sont encore très-nombreuses. C'est là qu'est l'avenir de la vanille à Bourbon. — (*Note de l'auteur.*)

Pépinières. — La culture de la vanille, par suite de maladie, d'épuisement des lianes, ou de fatigue du sol, est entrée dans une phase où il n'est plus permis de suivre les errements du passé. Il faut, à l'heure présente, s'occuper de créer des *pépinières* de plants sains et vigoureux destinés exclusivement à faire des boutures, au lieu de faire servir à cet usage des lianes épuisées par une longue série de fécondations annuellement répétées.

A cet effet, si l'on possède déjà une vanillerie en rapport, on choisira un certain nombre de belles lianes qu'on laissera pousser en liberté sur leurs tuteurs et qu'on aura soin de ne pas féconder. Ce sont des sujets pleins de sève et de santé qui, à l'âge de 2 à 3 ans, serviront à faire des boutures pour renouveler la vanillerie.

Dans le cas où l'on établirait une plantation nouvelle sans avoir de boutures sous la main, il faudra se procurer, chez l'habitant, des lianes qu'on choisira soi-même, sans se laisser arrêter par le haut prix qu'on peut en demander : car du choix de ces premières boutures va dépendre l'avenir de toute la culture. On en réservera une partie qui sera plantée à part sur un sol riche en humus, préparé à l'avance avec soin, soumis à l'irrigation ou à des arrosements souvent répétés et qui servira uniquement de pépinière pour de nouvelles boutures.

Nous recommandons, à titre d'essai et dans le but de se procurer des plants ayant subi une sorte de révivification, les lianes qui ont été plantées dans les régions élevées où la rigueur de la température ne leur permet pas de fleurir. Peut-être ces vanilles sont-elles destinées à régénérer nos lianes malades, et serait-il bon, en conséquence, d'établir des pépinières dans les montagnes où l'on trouve encore d'épaisses couches d'humus et où règnent des pluies bienfaisantes.

Établissement d'une vanillerie. — Ces principes une fois posés, indiquons maintenant la méthode à suivre pour établir une *vanillerie* d'une certaine étendue.

On peut avoir, à sa disposition, un bois assis sur un coteau à faible pente, un verger planté de grands arbres fruitiers ou un terrain nu.

Dans le premier cas, qui est le plus rare malheureusement, on devra choisir les bois situés au couchant, de préférence, pour que la vanille ne soit point exposée au vent et reçoive plus de chaleur. On élaguera les branches qui pourraient donner un excès d'ombre. Le sol couvert d'humus et de débris végétaux lentement accumulés, fournira aux racines la nourriture qui convient le mieux à cette plante, et, en même temps, celle-ci y trouvera une humidité constante si favorable à son développement.

Les pentes de ravines encore boisées, situées à une faible altitude

2

(2 à 300 mètres au plus), sont également très-propres à l'installation d'une vanillerie. Les lianes y acquièrent une vigueur surprenante. — Mais il faut avoir soin de leur ménager une large exposition au soleil, surtout à l'époque de la floraison et de la maturité des gousses.

Un grand nombre d'habitations possèdent encore des vergers, qui ont été naturellement choisis depuis de longues années pour y cultiver des vanilles. Les lianes y ont donné des récoltes abondantes pendant fort longtemps ; mais depuis que la maladie a sévi sur les vanilles, la plupart des sols de ces vergers sont devenus complètement impropres au développement des nouvelles boutures qui y ont été plantées ; malgré toutes les précautions qu'on a prises et que l'expérience a suggérées, telles que formation d'un sol artificiel au pied des anciens tuteurs, apport de terreau et d'humus, il y a eu insuccès presque partout. Aussi peut-on affirmer, à quelques rares exceptions près, que les vanilles meurent ou deviennent assez promptement malades lorsqu'on les plante sur un sol où les anciennes lianes ont péri à la suite de la même maladie. Il vaut mieux changer de mode de culture, transformer ces vergers en caféeries et chercher un sol vierge pour y créer une nouvelle vanillerie.

Le *terrain choisi* pour être l'objet d'un plantation nouvelle, doit être préparé de longue main. On s'attachera d'abord à en reconnaître la nature. S'il ne renferme pas une couche d'humus suffisante et s'il n'est ni poreux, ni friable, il faut composer un sol artificiel en creusant de longues tranchées de 3 à 4 pieds de large sur un pied de profondeur qu'on remplira ensuite d'un compost formé de 2/3 de terreau de feuilles consommé et de 1/3 de sable grossier ou gravier. Le tas doit être élevé au-dessus du sol, de façon à empêcher la stagnation de l'eau qui ferait pourrir les racines.

Avant de s'occuper des tuteurs, on aura soin d'établir, sur les limites de la vanillerie, des haies d'hibiscus rouge destinées à servir de rempart aux brises trop violentes de la saison sèche, surtout dans les localités situées sur le littoral. On plantera ensuite, à 4 ou 5 mètres de distance, de jeunes pieds de cacaoyiers, bibassiers, jacquiers, manguiers ou avocatiers qui, au bout de 2 à 3 ans, pourront protéger de leur ombre les boutures de vanilliers et même leur servir de tuteurs au besoin. Un moyen plus expéditif de se procurer l'ombre nécessaire, dès le début d'une jeune plantation, consisterait à mettre à la place des arbres dont nous venons de parler, des bananiers dont les larges feuilles à croissance si rapide offriraient bien vite l'abri désiré. Ces précautions sont d'autant plus indispensables, qu'à l'époque où se font les plantations de vanille, les pignons d'Inde, qui leur servent de tuteurs, sont généralement dépouillés de leurs feuilles. Cela fait, on plante ensuite des rangées de pignons d'Inde ou de bois-chandelle à 1 mètre ou 1 mètre 50 les uns des autres, en laissant 2 mètres 50 d'intervalle entre chaque rang. Quelques habitants ont l'habitude de piquer des bois de manioc debout à 0 mètre 50 en dehors et en dedans de chaque pignon d'Inde. Cette pratique a un grand inconvénient, c'est celui de tenter la convoitise de gens peu scrupuleux dont l'industrie consiste à vivre sur le bien d'autrui et qui viennent, à l'époque de la maturité des racine de maniocs, arracher violemment la tige en détruisant du même coup la liane qui y est attachée.

Les mois reconnus les meilleurs pour la plantation des boutures, sont ceux de novembre, décembre, janvier et février, époque des pluies et des grandes chaleurs.

La *longueur* des boutures est fort variable. Généralement elles sont de 3 à 6 nœuds, quelquefois de 3 à 4 mètres, y compris le cœur; dans ce dernier cas, les lianes peuvent fleurir et rapporter dès la première année : mais c'est là une pratique défectueuse et à laquelle on ne devra presque jamais avoir recours (1).

Les boutures sont mises en terre, au pied de chaque tuteur, à un pouce de profondeur, en ayant soin de laisser deux nœuds hors du sol ; cette partie de la liane est appliquée contre le tuteur en plaçant, sur l'écorce le côté d'où partent les griffes. On l'assujettit sur l'arbre au moyen de un ou deux liens plats fabriqués avec les feuilles de vacoa (*pandanus utilis*); il est bon de couper les griffes et les feuilles qui se trouvent sur la portion placée dans le sol.

On couvre ensuite chaque bouture d'une couche d'humus provenant de feuilles décomposées, puis de feuilles et de pailles sur lesquelles on place quelques pierres plates pour entretenir l'humidité du sol, et s'opposer à la trop prompte évaporation des eaux. Il faut éviter l'amoncellement des roches qui écrasent les racines et finissent par les incruster dans la terre.

On a l'habitude d'établir autour de chaque tuteur un entourage de pierres sèches de 0 mètre 30 de rayon. Nous pensons qu'on pourrait se dispenser avantageusement de cette manière de faire en disposant tout simplement la plantation en planches ou carreaux limités par des rangs de galets parallèles et formant des allées latérales. Les racines des vanilles, qui s'étendent souvent à plusieurs mètres, seraient moins gênées dans leur expansion et pourraient courir en toute liberté.

(1) Beaucoup de planteurs ont eu recours à cette méthode, dans ces derniers temps, pour se procurer une récolte de gousses plus prompte. Leurs lianes ont fleuri au bout de 18 mois; les fruits semblent magnifiques. L'avenir dira si cette pratique est défectueuse ou non. — (*Note de l'auteur.*)

On cultive généralement les vanilles en *espalier*. Cette méthode permet d'opérer la fécondation des fleurs de vanille avec plus de facilité que si les lianes étaient livrées à elles-mêmes et montaient jusqu'au sommet des tuteurs. Lorsque les vanilles ont atteint une certaine longueur, on les enroule autour des plus basses branches des arbres sur lesquelles elles se sont fixées, ou bien on les guide, au fur et à mesure de la croissance des bourgeons terminaux, vers les supports horizontaux élevés à un mètre du sol et qui relient les tuteurs entre eux. On ne doit jamais détacher brutalement la liane de l'arbre et briser ses suçoirs pour lui faire prendre une direction nouvelle (ce qui se fait malheureusement trop souvent, malgré le danger de cette pratique vicieuse).

Dans les circonstances ordinaires, avec des boutures de 3 à 4 nœuds, une tige de vanille atteint 3 ou 4 mètres au bout de la deuxième année et commence à se charger de fleurs au bout de la troisième.

Entretien. — L'*entretien* d'une vanillerie consiste à arroser les boutures dès le début de la plantation, à enlever toutes les plantes parasites, à repiquer les pieds morts (1) et à renouveler l'engrais deux fois par an.

Au Mexique, on recommande de laisser pousser, au pied des vanilles, l'herbe verte à une hauteur de 30 à 40 centimètres pour mieux entretenir l'humidité du sol; on obtient ainsi l'effet contraire.

Nous avons dit que le meilleur *engrais* qui pût convenir à la vanille était l'engrais végétal. On a remarqué, en effet, que les fumiers animaux, le guano et les engrais chimiques avaient toujours été nuisibles aux vanilles. Dans l'état de maladie ou de souffrance où se trouve en ce moment la vanille, nous pensons qu'on pourrait ajouter, au terreau de feuilles, une certaine quantité de cendres, principalement de cendres de feuilles de bananiers (2). Notre opinion s'appuie sur ce fait, que l'analyse de la tige et des gousses de vanille nous a révélé une proportion considérable de sels alcalins dans le même rapport à peu près que celle qui existe dans les cendres du bananier. Cela prouve que la vanille demande au sol des aliments de choix et que les cendres de bagasse ou de bananier, mélangées à l'humus, seraient susceptibles

(1) On doit avoir le soin de préparer, au moment de la plantation, des pépinières de boutures dans un lieu frais et ombragé, afin de pouvoir remplacer les jeunes pieds qui n'auraient pas pu se développer.

(2) Les plus belles vanilleries de Saint-Denis, en ce moment, sont celles où l'on a eu le soin de placer sur les pieds de vanille des détritus de bananier, en couches épaisses. — Cette substance végétale entretient l'humidité et fournit, aux racines des lianes, une nourriture qui semble lui convenir puisqu'elles se développent d'une manière remarquable. — Ces vanilleries sont couvertes de bananiers et par conséquent forment double profit pour le propriétaire. — (*Note de l'auteur.*)

de produire de bons effets. Nous reviendrons plus tard sur cette question.

Il est de la plus grande importance de ne pas conserver une vanillerie plus de sept ans. C'est ce qui se pratique au Mexique. Les lianes produisent pendant 4 années ; puis à l'aide des vanilles vierges conservées pour faire des boutures, on établit une nouvelle plantation dans des terrains neufs et bien préparés.

Autrefois les vanilliers se conservaient pendant de très-longues années et certains habitants entretenaient la perpétuité de leur vanillerie en employant le *provinage* qui les dispensait des ennuis d'une plantation nouvelle. Il ne serait pas prudent de suivre aujourd'hui cette méthode dans les vanilleries d'une grande étendue (1).

On choisit, sur un vanillier vigoureux, une belle pousse de 1 à 2 mètres qu'on abaisse sur le sol bien amendé par de l'humus et légèrement creusé en rigole et on la maintient couchée à terre, au moyen d'un piquet en bois, en forme de crochet. On recouvre légèrement de terreau et de feuilles et on arrose de temps à autre. Peu de temps après, des racines se développent à l'endroit qui touche le sol ; et la tige, nourrie par ces organes et par la souche mère, se développe à son tour et accomplit toutes les phases de la végétation.

2° FÉCONDATION DES FLEURS.

Les fleurs de vanille commencent à apparaître vers les mois de juin et juillet et continuent jusqu'au mois de novembre. On a remarqué que certains pieds de vanille entraient en floraison en mars ; cette précocité n'indique jamais un bon état de santé de la liane.

Les fleurs naissent par grappes, à l'aisselle des feuilles ; une tige de vanille dans toute sa force peut donner jusqu'à 200 grappes à la fois, chaque grappe renfermant 15 à 20 fleurs, c'est donc près de 4,000 fleurs pour un seul pied. Chaque fleur s'épanouit l'une après l'autre sur la grappe et ne dure qu'un seul jour.

On recommande de faire un choix parmi les fleurs à féconder ; de prendre de préférence les fleurs belles, larges et dont l'embryon est bien développé. Généralement c'est dans les premières fleurs qui s'épanouissent que cette sélection doit s'opérer.

Le temps le plus favorable à la fécondation est de 8 heures du ma-

(1) Cependant le provinage se fait avec succès toutes les fois que l'on voit un pied de vanille souffrir, dans le courant des deux ou trois premières années. — On a sauvé beaucoup de lianes malades en les forçant à demander au sol une nourriture que les racines ne lui donnaient qu'en proportion insuffisante. — (*Note de l'auteur.*)

tin à 1 ou 2 heures de l'après-midi. Les fleurs nouent mal lorsqu'on les féconde pendant la pluie ou des sécheresses prolongées ; mais quand il a plu la veille, la fécondation réussit très-bien.

On a l'habitude de féconder 5 à 6 fleurs par chaque grappe, lorsque la liane est bien chargée. Il vaudrait infiniment mieux ne féconder que deux ou trois fleurs au plus ; car on obtiendrait des gousses plus belles et mieux nourries, ce qui serait d'un très-grand avantage pour la préparation des gousses et la beauté des produits. L'habitant rattraperait sur la qualité ce qu'il perdrait sur la quantité.

Dans le but de ménager les lianes et d'éviter qu'elles ne produisent trop souvent, nous conseillons de diviser la plantation de vanille en 4 carreaux égaux. On ne soumettrait, chaque année, qu'un seul des carreaux à la fois à l'opération de la fécondation artificielle. De sorte qu'au bout de 4 années, comptées à partir du moment où les vanilles peuvent commencer à produire, la vanillerie entière n'aurait subi qu'une seule fois la fécondation. Grâce à cette mesure conservatrice et prudente, les vanilles, soumises à un repos de 3 ans, pourraient parcourir de nouvelles séries de fécondation sans s'épuiser ; la plantation pourrait durer fort longtemps, et si l'habitant y trouvait un profit moins élevé, il aurait l'espérance, comme compensation, de voir ses revenus se maintenir pendant de longues années.

Instruments employés pour la fécondation. — On se sert, pour pratiquer la fécondation artificielle, d'instruments extrêmement simples ; c'est habituellement un petit morceau de *bambou* de 6 à 8 centimètres de longueur aminci et arrondi à une de ses extrémités, ou bien les *nics* (1) des palmistes, des cocotiers, ou des lataniers. Un instrument tranchant, tel que la pointe d'un canif, risquerait de blesser les organes délicats de la fleur.

La pratique de la fécondation artificielle est des plus faciles ; elle exige une main légère et exercée pour être faite avec une grande rapidité. Un bon fécondeur peut arriver, dans sa matinée, à féconder plus de 1,000 fleurs de vanille.

On se rappelle la description que nous avons donnée de la fleur de la vanille. C'est le cas maintenant de mettre à profit la connaissance que nous avons de la position respective des organes mâle et femelle pour bien comprendre le *modus faciendi* de la fécondation artificielle. (*Voir la planche.*)

Mode opératoire. — On saisit la base de la fleur entre le pouce et le médius de la main gauche, en plaçant l'index sur le dos du gy-

(1) On appelle ainsi la nervure dorsale des grandes feuilles de ces arbres.

nostème afin de lui donner un point d'appui ; ou bien, on place, entre l'index et le médius de la même main tenue horizontalement, les 3 pétales supérieures de la fleur le pouce relevé et rapproché de l'anthère. Cette dernière position est préférable à la première et permet d'opérer plus adroitement. Cela fait, avec le petit instrument tenu de la main droite, on déchire la pièce de la corolle, en forme de capuchon, pour mettre à découvert les organes de fécondation ; puis on introduit l'extrémité du petit bambou sous la valve supérieure, ou opercule de l'organe femelle, et on la relève de manière à la redresser complètement et à la cacher sous l'organe mâle ou étamine.

Quand cet opercule est bien relevé, l'étamine qui s'est d'abord élevée avec lui, tend à reprendre la position inclinée vers l'organe femelle. On aide alors cette inclinaison avec le pouce de la main gauche qui appuie légèrement sur l'étamine et la presse contre le stygmate sur lequel elle reste collée. On n'a plus alors qu'à retirer doucement le petit bambou et la fleur est fécondée.

On reconnait que la fécondation a réussi quand, au bout du 3e jour la fleur flétrie déjà dès les premiers moments, se maintient au sommet de l'ovaire et lorsque celui-ci se contourne. On dit alors que la fleur a noué. Celle-ci persiste, jusqu'à la maturité du fruit, et cette partie desséchée porte le nom de *nombril*.

Quand on a fécondé le nombre de fleurs voulu et que la fécondation a réussi, on casse le reste du bourgeon floral pour empêcher l'épanouissement des autres boutons.

Au bout du premier mois, le fruit a déjà acquis les proportions d'une gousse presque mûre. Ce n'est cependant que 6 à 7 mois après qu'il aura atteint son entier développement. La nature se réserve cette longue période pour élaborer mystérieusement dans l'intérieur des cellules ces substances inconnues qui serviront plus tard à la formation de ce suave parfum dont les gousses se pénétreront après la maturité complète.

Les gousses mûries à l'ombre sont moins parfumées que celles qui ont été exposées au soleil. Il y a donc avantage à élaguer les branches des tuteurs qui pourraient empêcher les rayons du soleil de pénétrer largement jusqu'aux fruits, surtout vers les derniers mois qui précèdent la récolte.

3° RÉCOLTE DES GOUSSES.

La *cueillette* de la vanille commence vers la seconde quinzaine de mai et se continue jusqu'en août. Les premières gousses sont généralement inférieures ; celles que l'on récolte en juin donnent un meilleur produit.

Il est extrêmement important de ne cueillir les gousses que lorsqu'elles sont arrivées au degré voulu de maturité ; autrement elles fermentent et pourrissent quelques mois après leur préparation (1).

Il existe des signes qui permettent de reconnaître sûrement que les gousses sont bonnes à cueillir. Ainsi, lorsque le gros bout commence à jaunir, c'est le bon moment pour en faire la récolte. Si l'on attendait un peu plus longtemps, les fruits se fendraient et constitueraient plus tard une marchandise inférieure. Du reste, à partir de la fin du mois de mai, on doit faire de fréquentes visites dans la vanillerie, s'assurer soi-même de l'état des gousses, de façon à faire cueillir le même jour toutes celles qui présentent le même point de maturité.

Il faut avoir le soin, autant que possible, de choisir la veille d'un beau jour, pour commencer la récolte des gousses mûres, par la raison qu'elles doivent, le lendemain, être exposées plusieurs heures au soleil.

Il est quelques précautions à prendre, pour détacher les gousses de la tige, qu'il n'est pas inutile de faire connaître. On doit saisir le fruit de la main droite, vers l'extrémité de la crosse et l'enlever de la tige en la tirant doucement de droite à gauche. Quelques personnes se servent de l'ongle pour sectionner le pédoncule ; il arrive alors assez souvent que la crosse est coupée, ce qui nuit plus tard à l'uniformité des paquets. Enfin, quand on veut détacher la gousse, en la prenant par le milieu et la tirant brusquement à soi, on court encore le risque de briser la crosse et souvent même d'amener à soi toute la grappe.

(1) Depuis deux ans, par suite d'une spéculation malhonnête et sans scrupule, on cueille les gousses avant maturité ; on les prépare sans précaution et on expédie en France des produits qui arrivent gâtés ou sans aucune chance de conservation. — De plus, les vols de vanille qui se font la nuit, dans une large proportion, et qui s'attaquent principalement aux gousses vertes, concourent à ce triste état de choses qui déprécie de plus en plus les vanilles de La Réunion. — (*Note de l'auteur*.)

CHAPITRE III

Préparation de la vanille au Mexique, à la Guyane, à la Réunion. — Modifications aux procédés actuels

Les diverses méthodes de préparations des gousses de vanille, usitées dans les différents pays où l'on se livre à la culture de cette liane, peuvent se ramener à deux types :

1° La préparation *directe*, consistant à laisser mûrir librement la gousse, en l'exposant quelque temps au soleil et à l'ombre alternativement.

2° La préparation *indirecte*, nécessitant l'intervention de l'eau bouillante ou d'une étuve à 70° pour arrêter la végétation du fruit, l'empêcher de se fondre, et lui donner la forme et l'apparence réclamées par le commerce.

La première méthode ne peut être employée que dans les régions chaudes de l'Amérique du Sud, où la température se maintient en moyenne à 30°. Les produits ainsi préparés sont consommés sur place et ne sont jamais envoyés en Europe. Nous allons donner une description succincte des divers procédés appliqués dans les pays où la vanille croît spontanément, avant de passer à l'exposition de ceux en usage dans la Colonie.

1° PRÉPARATION DE LA VANILLE A LA GUYANE.

Exposition à l'ombre. — La vanille de Cayenne a des gousses grosses et courtes, ressemblant tout à fait à la petite banane, appelée *Bacove;* aussi désigne-t-on le fruit de cette vanille sous le nom de vanille Bacove.

Cette orchidée, qui pousse à la Guyane avec une vigueur remarquable, n'a encore été l'objet d'aucune culture industrielle. On se borne à préparer les gousses nécessaires à la consommation courante, quelques kilos à peine. On cueille les gousses bien mûres et commençant à s'entr'ouvrir, puis on les suspend à des cordes dans des chambres bien aérées, et à l'ombre, en ayant soin de les entourer d'un fil qu'on resserre de temps à autre pour les empêcher de s'ouvrir. Au bout de 15 à 20 jours, la préparation est terminée ; les gousses sont alors noires, onctueuses, gorgées d'une huile balsamique et parfumée, exsudant à la moindre pression. Leur odeur est plus forte et plus pénétrante que celle de la vanille de Bourbon; il est propable que, si elles étaient bien préparées, elles trouveraient sur les marchés européens un débit assuré. Aublet cite une ancienne méthode qui consistait à passer les gousses dans les cendres chaudes, pour les faire flétrir et leur enlever une partie de leur humidité. Après les avoir essuyées et enduites d'huile fine, on les suspendait à l'air libre, après les avoir liées par le bout.

2° PRÉPARATION AU MEXIQUE.

La vanille se cultive, au Mexique, dans les provinces où règne un climat chaud et humide, telles que Misantle, Papontle, Nautle et Colipe. On la plante à l'époque de la saison pluvieuse et on la récolte en décembre.

On compte cinq espèces de vanille, au Mexique; elles sont désignées, dans le pays, sous les noms de :

1° *Vanille corriente, vanille lec* ou *aromatique*, c'est l'espèce la plus renommée pour la qualité de ses gousses; elle fournit au commerce cinq variétés :

Une *vanille charnue et longue*.

La *V. Chicafina*, de moitié plus petite que la précédente.

La *V. Sacata*, à peau plus fine que la première.

La *V. rescata*, petite, sèche, le quart de la longueur de la précédente.

La *V. basura*, tout à fait inférieure.

2° *Vanille sylvestre*, ou *simarona*; c'est une vanille sauvage à fruit plus petit que celui de la corriente.

3° *Vanille mestiza*, fruit plus rond.

4° *Vanille puerca*, ou *vanille cochon*, dont l'odeur est désagréable.

5° *Vanille pompona*, fruit gros et court, à odeur agréable, appelé *vanillon*.

Exposition au soleil (1). — Les procédés de préparation sont assez nombreux. Dans certaines provinces, on place les gousses de vanille, cueillies à leur maturité, sur des claies en paille, sur lesquelles on a disposé des couvertures de laine, et on les soumet à la *chaleur du soleil* pendant plusieurs jours. Ensuite on les enferme dans des

(1) La dessication des vanilles au soleil, dont il est question plus loin et qu'on fait précéder d'un repos à l'ombre pendant quelques jours, serait d'un emploi difficile à cause de la saison pendant laquelle on prépare les gousses, saison où le soleil est peu chaud et se montre rarement. Nous exposons plus loin les moyens à l'aide desquels on peut arriver à ce résultat, en concentrant la chaleur solaire. — (*Note de l'auteur.*)

boîtes ou caisses tapissées de couvertures de laine pour les faire suer. La vanille noircit au bout de quelque temps; puis on termine sa préparation en l'exposant de nouveau à la chaleur solaire. Les vanilles de qualité supérieure exigent deux mois de chaleur pour être bien préparées.

Exposition au feu. — A Colipe, pendant la saison pluvieuse, les Indiens, d'après Humboldt, forment au moyen de petits tubes de roseau un cadre suspendu par des cordes et couvert d'un morceau de laine sur lequel on étend les gousses. Un feu peu intense est allumé au-dessous du châssis, qu'on soumet alors à un balancement qui l'éloigne ou le rapproche tour à tour du foyer.

Fermentation. — Dans d'autres contrées, on cueille les vanilles lorsqu'elles sont jaunes et près de s'ouvrir, et on les met en petits tas à *fermenter*, comme le cacao, pendant deux à trois jours. On les étend ensuite au soleil, et quand les fruits sont à moitié secs, on les aplatit avec la main et on les enduit d'huile de Palma-Christi.

Eau bouillante. — Un autre procédé, employé également au Pérou et à la Guyane, consiste à plonger rapidement les gousses dans l'*eau bouillante* pour les blanchir, et à les suspendre ensuite à l'air libre, pendant vingt jours, pour les faire sécher.

Préparation au four (1). — Enfin une méthode plus récente est celle de la *préparation au four*. Elle a été essayée à la Réunion avec succès depuis plusieurs années, à la suite de renseignements venus du Mexique; d'où le nom de *préparation mexicaine*, donné au procédé.

Les indications qui suivent nous ont été fournies par M. le Président de la Chambre d'agriculture de Saint-Denis. Après la cueillette de la vanille, on essuie bien les gousses et on les sépare autant que possible par tas de même longueur. On en fait des paquets de 1,000 environ par couches horizontales, en alternant les têtes et les queues, pour les maintenir toutes au même niveau. Il faut donner à chaque paquet une longueur de 54 centimètres, les autres dimensions restant subordonnées à la longueur et à l'épaisseur des gousses. Le paquet est alors enveloppé dans une vieille couverture de laine soigneusement repliée, puis entourée de feuilles vertes de bananier; enfin il est cousu dans un goni simple préalablement mouillé et tordu.

(1) Ce procédé, qu'on emploie à la Réunion depuis quelques années, a donné de très-bons résultats entre des mains exercées et habiles. — Il tend à se généraliser aujourd'hui, et beaucoup de préparateurs de vanille abandonnent l'ancien système pour celui-ci. — (*Note de l'auteur.*)

On dispose de petites claies en bois de dimension voulue pour recevoir chaque paquet, afin de les isoler de la sole du four, dont le contact immédiat serait nuisible.

La construction du four peut varier suivant les besoins de l'exploitation; les dimensions suivantes permettront d'enfourner à la fois 12 paquets de 1,000 gousses: 2 m. de diamètre, 3 c^m de caisse et 70 c^m de sous-voûte; l'intérieur en sera bien cimenté pour conserver la chaleur le plus longtemps possible.

Après avoir chauffé, on retire le charbon et les cendres, et on laisse refroidir. C'est ici le point délicat de l'opération; le degré de température auquel on s'arrêtera peut, en effet, varier entre 50 et 75°, suivant les qualités du four, les dimensions des gousses, le nombre des paquets enfournés et le temps qu'on laissera la vanille séjourner dans l'étuve. Le tâtonnement et l'expérience fixeront la règle pour chacun. Il est important, toutefois, pour constater la température du four à laquelle on voudra commencer l'opération, d'y introduire un thermomètre sur un petit chevalet en bois, puis de le fermer hermétiquement pendant dix minutes. Lorsque la température aura été bien réglée, on introduira les paquets sur leurs claies, en ayant soin d'enfourner d'abord les vanilles les plus grandes et en dernier lieu les plus petites. On espace les paquets de manière à ce qu'ils ne se touchent pas et on ferme la porte du four.

Les paquets renfermant les plus petites vanilles peuvent être retirés au bout de vingt-quatre heures; les autres paquets après trente-six heures. Cette opération doit, autant que possible, se faire de jour, de manière à pouvoir profiter de quelques heures de soleil.

Au sortir de l'étuve, les gousses doivent avoir une belle couleur puce et uniforme. On les essuie avec soin; puis on les place au soleil, entre deux couvertures de laine, tous les jours, de neuf heures du matin à deux heures et demie de l'après-midi. On les retire du soleil lorsque les gousses sont bien dégorgées, c'est-à-dire lorsqu'elles n'offrent plus de parties résistantes sous la pression des doigts. C'est encore là un point délicat et important. On termine la préparation à la manière ordinaire, dans un séchoir, et en prenant les minutieuses précautions que nous allons décrire en parlant de la méthode suivie à la Réunion.

3° PRÉPARATION DE LA VANILLE A LA RÉUNION.

Avant 1851, comme nous l'avons déjà dit, la vanille se préparait, dans la Colonie, par le procédé de dessication à l'ombre et au soleil. Cette méthode longue, délicate, ne donnait que des produits imparfaits et ne permettait de se livrer qu'à une exploitation limitée.

Aujourd'hui on suit, à peu d'exceptions près, la méthode de préparation à l'*eau bouillante*, qui donne des résultats excellents, lorsqu'on a le soin et la patience de ne négliger aucune des manipulations qu'elle demande (1).

Lorsque la cueillette des gousses est terminée, on a la précaution de préparer tout ce qui est nécessaire pour cette opération : de grandes marmites en fer, des paniers cylindriques en rotin, des nattes et des tables garnies de couvertures en laine noire, enfin deux ou trois autres couvertures de même étoffe.

Eau bouillante. — Les marmites remplies d'eau sont placées sur le feu. Aussitôt que l'eau est presque *bouillante*, mais non tout à fait en ébullition (c'est-à-dire à la température de 85 à 90°), on y plonge les paniers de rotin contenant les gousses de vanille. Tantôt le temps de cette immersion dure de 15 à 20 secondes et ne se renouvelle pas ; tantôt les paniers sont plongés et retirés lentement de l'eau, à deux ou trois reprises, de manière à rester 3 à 4 secondes, chaque fois, dans le liquide.

Après chaque opération, les paniers sont vidés sur les tables dressées à cet effet, ou sur des nattes, pour que les vanilles y soient égouttées. Quand toutes les gousses ont été échaudées, elles sont placées en tas, puis recouvertes et mises à étuver pendant un quart d'heure.

Exposition au soleil. — On les étend ensuite sur les tables, on les recouvre de couvertures de laine et on les laisse exposées à l'action du soleil jusqu'à 2 ou 3 heures de l'après-midi. Elles sont, après cela, roulées dans les couvertures, où elles se sont échauffées aux rayons du soleil, et portées dans une chambre close, dans laquelle elles se maintiennent chaudes jusqu'au lendemain. On peut aussi, après chaque exposition au soleil, les ramasser dans des caisses doublées en laine, où elles conservent mieux leur chaleur pendant la nuit. Cette exposition au soleil, dans les couvertures, dure 4, 6 et 8 jours, suivant le temps. On a soin de visiter souvent les gousses et de retirer celles qui seraient arrivées au point où le soleil peut leur nuire. On reconnaît que les vanilles ont atteint ce degré quand elles sont devenues souples et que l'épiderme, d'un brun chocolat uniforme, est sensiblement ridé par des fissures longitudinales.

Une exposition trop longue au soleil donne des produits secs, rougeâtres, peu aromatiques et moins appréciés dans le commerce.

(1) Et surtout lorsque les vanilles sont cueillies dans un état de maturité parfaite et qu'elles appartiennent à des lianes saines. — Il est rare que dans le moment actuel, ces deux conditions soient remplies. — (*Note de l'auteur.*)

Séchoir. — On les porte ensuite au séchoir, sorte de chambre bien close, exposée à l'Ouest et garnie de fenêtres qu'on ouvre au milieu du jour, pendant les moments de fort soleil. Intérieurement se trouve une ceinture de tablettes superposées, avec tringles en bois, de 2 centimètres de largeur, séparées de haut en bas par une distance de 15 centimètres pour que l'air puisse circuler librement. Ces tablettes doivent être à claires-voies ou rotinées.

Les vanilles placées sur ces supports y restent de 30 à 40 jours jusqu'au degré de dessiccation voulu. Elles demandent, pendant ce temps, une surveillance de tous les instants; il faut faire la séparation des gousses avancées, de celles qui ne le sont pas assez. On reconnait qu'elles sont arrivées à ce point quand, prenant la vanille entre le pouce et l'index de la main gauche par un bout et promenant ensuite le pouce et l'index droit sur toute sa surface, on la parcourt sans sentir de rugosité. A ce moment, les gousses sont noires, souples et ridées; elles s'aplatissent mieux et offrent une impression de fraîcheur moins grande.

Malles en fer-blanc. — Enfin, lorsqu'on juge qu'elles sont complètement sèches, on les met dans une malle de fer-blanc fermée, pour éviter une dessication plus avancée qui leur serait préjudiciable. Elles y restent jusqu'au moment où elles devront être mises en paquet. On prend la précaution de les visiter chaque semaine, pour séparer les gousses moisies.

La vanille, par ce procédé, exige au moins deux mois de préparation. On calcule que les gousses préparées perdent environ 1/5ᵉ de leur poids, et qu'il faut 5 kilos de vanille verte pour obtenir 1 kilo de vanille sèche.

Avant de mettre les vanilles en paquet, il faut les dresser et les trier.

Dressage. — On les dresse une à une en les tirant doucement du côté opposé à la courbure de la gousse, leurs deux extrémités étant tenues entre le pouce et l'index de chaque main. Cette opération préliminaire a pour but de leur donner une meilleure forme et de les faire revenir à leur longueur normale.

Triage. — On les trie ensuite en trois catégories :

La 1ʳᵉ est constituée par des gousses bien onctueuses, bien odorantes, noires et sans défaut, abstraction faite de leur longueur.

La 2ᵉ par des gousses trop sèches, un peu rouges, et ayant des rugosités sur l'épiderme.

La 3ᵉ par des vanilles fendues.

Ces trois sortes de gousses sont placées dans des boites différentes.

Il reste encore trois opérations à faire subir aux gousses préparées : le *mesurage*, *l'empaquetage* et *l'emballage*.

Mesurage. — Le *mesurage* des gousses a une importance considérable, puisque chacune des catégories mises à part va constituer elle-même différentes qualités commerciales suivant la longueur des vanilles.

On se sert, pour ce mesurage, d'une *table* un peu basse, sur le bord de laquelle on a établi une échelle graduée en pouces de 0 à 9. — A partir du 5e pouce jusqu'au 9e, on fait 25 graduations de 2 en 2 lignes. La graduation qui marque le 5e pouce porte le nº 1 ; le 9e porte le nº 25. Sur cette même table, se trouvent 12 casiers transversaux, formant 2 rangs parallèles de 6 casiers chacun ; le casier du rang le plus rapproché de l'opérateur, à gauche de la table, porte le double nº 1-13, celui qui suit, 2-14 ; le 12e, 12-24.

L'opérateur, assis à sa table et ayant près de lui sa boite de vanille déjà triée en catégories, n'a plus qu'à mesurer ses gousses et les placer dans les casiers correspondant au numéro de mesurage. Quand les casiers sont encombrés, on fait des paquets provisoires de 50 gousses, attachés au milieu par des fils de rabane (fibre provenant de l'épiderme tendre de la jeune feuille du sagus raphia, originaire de Madagascar), et on les place toujours, en attendant, dans des caisses de fer-blanc fermées.

Empaquetage. — Pour faire *l'empaquetage* définitif, on prend les paquets de 50 gousses et on commence par faire un choix des 16 plus belles, qu'on met de côté pour servir d'enveloppe extérieure. Des 34 qui restent, on prend 8 des plus droites pour constituer le noyau. Les gousses sont ensuite bien dressées, la concavité des crosses tournées vers le centre et appliquées les unes à côté des autres ; les 16 extérieures sont placées une à une, de façon à former une enveloppe entourant hermétiquement les gousses du centre. On les assujettit par un lien de rabane, faisant 2 fois le tour du paquet, attaché par un nœud plat, un peu plus bas que le milieu du faisceau. On n'a plus alors qu'à bien arrimer les extrémités du paquet, en les frappant légèrement par le bout inférieur sur la table pour que les gros bouts soient au même niveau et que le paquet reste debout, puis on met un second lien de rabane à 1 centimètre de l'extrémité des gros bouts et un autre à 2 ou 3 centimètres de celle où se trouvent les crosses.

Emballage. — Quand tous les paquets sont terminés, bien pressés et dressés, on les mesure une seconde fois à une échelle graduée de 1/2 pouce en 1/2 pouce, et on les emballe par rang de grandeur dans des boîtes en fer-blanc de différentes dimensions, contenant 10 à 12 kilog. de vanille. Ces boîtes ne doivent renfermer ni papier, ni enveloppe d'aucune sorte, qui nuiraient à la bonne conservation des gousses. On les soude et on y colle un numéro d'ordre, indiquant les diverses qualités commerciales.

Ces boîtes sont ensuite renfermées dans des caisses en bois contenant 3 boîtes en fer-blanc, c'est-à-dire 30 à 40 kilos de vanille.

Qualités commerciales. — La vanille de la Réunion comprend *trois qualités commerciales* (1).

1° Les vanilles de 0 m. 20 de longueur et au-dessus, couleur chocolat foncé, à épiderme bien lisse, pesant de 0 k. 300 à 0 k. 330 le paquet de 50 gousses.

2° Les gousses légèrement boisées, rougeâtres, plus sèches, mélangées de gousses ouvertes ; poids du paquet : 0 k. 250 à 0 k. 270 (2).

3° Les vanillons, composés de vanilles de dernières longueur et de préparation inférieure ; poids du paquet : 0 k. 070 à 0 k. 150.

Comme on le voit, la préparation de la vanille est une opération longue, minutieuse, exigeant des soins de tous les instants. En résumé, les phases par lesquelles elle passe, avant d'être livrée au commerce, sont au nombre de huit :

Le trempage dans l'eau bouillante, — l'exposition au soleil, — la mise au séchoir et dans les malles en fer-blanc, — le dressage, — le triage, — le mesurage, — l'empaquetage, — l'emballage.

(1) M. Bouchardat, qui a étudié à Paris la vanille de Bourbon, s'exprime ainsi à l'égard de sa qualité :

« La vanille de l'île Bourbon est certainement fournie par le même végétal qui « donne la vanille du Mexique ; les gousses sont semblables pour les caractères « essentiels. Elle n'en diffère qu'en ce qu'elle est généralement moins étoffée, « moins longue de 1 à 2 centimètres, moins épaisse de 1 à 2 millimètres ; elle « est moins souple et moins onctueuse. Ces différences qui sont très-légères suffisent « pour déprécier un peu la vanille de Bourbon au point de vue commercial. Mais « pour l'usage réel, la vanille de Bourbon ne le cède que très-peu aux meilleures « vanilles du Mexique. »

Cette opinion ne vient-elle pas corroborer celle que nous avons émise à l'égard de l'origine de nos vanilles ?

(2) La coloration noire n'est pas toujours un indice de bonne préparation. — On a remarqué que les vanilles, cueillies avant maturité et mal préparées, présentaient cette coloration de préférence à toute autre, tandis que certains préparateurs consciencieux et de marque connue (Sicre de Fontbrune), fabriquaient des vanilles de couleur rougeâtre et de consistance sèche, mais d'une conservation parfaite et d'un arôme délicieux. — (*Note de l'auteur.*)

4° MODIFICATIONS A APPORTER AU PROCÉDÉ ACTUELLEMENT SUIVI DANS LA COLONIE

La méthode de préparation que nous venons de décrire, exécutée par des mains habiles, donne des produits vraiment supérieurs et qui rivalisent avec ceux du Mexique. Aussi n'avons-nous nullement l'intention de la critiquer; nous ne voulons que proposer quelques modifications de détail, qui peuvent avoir leur importance.

Quelques personnes ont essayé de se passer de l'eau bouillante et n'ont eu recours qu'à la chaleur du soleil. Elles plaçaient leurs vanilles dans des couvertures de laine noire, sur des tables, et les laissaient huit ou dix jours consécutifs exposées à ses rayons. Non-seulement la vanille ne s'était pas fendue, mais au bout de ce court laps de temps, elle était complétement préparée, bonne à mettre en boîte et à être expédiée. Ce procédé expéditif, que nous n'avons pas eu occasion de voir mettre en pratique, mais qui nous a été décrit par un des meilleurs préparateurs de vanille de la Colonie, nous semble difficile à exécuter d'une manière suivie, par la raison qu'à l'époque où la vanille se prépare, c'est-à-dire de juin à septembre, le soleil est généralement peu intense et souvent voilé par des nuages. Par conséquent, s'il a réussi une fois, il ne pourrait guère être proposé comme pouvant remplacer la méthode ordinaire.

Cependant, on peut jusqu'à un certain point se servir du soleil, au lieu d'eau bouillante, mais en faisant usage d'un moyen qui peut augmenter l'intensité de ses rayons. Pour cela, il suffit d'employer des tables métalliques ou recouvertes de feuilles de fer-blanc et d'y placer les vanilles, comme d'habitude, entre leurs deux couvertures de laine noire. La chaleur solaire sera concentrée par la surface métallique, et les gousses pourront recevoir dès le premier jour ce *coup de chaleur* qui leur est indispensable pour arrêter la sève et les empêcher de s'ouvrir. D'après des expériences faites à l'aide de thermomètres, on évalue à 50°, au minimum, le degré de température qu'on parvient à opérer à l'aide de ce procédé.

Mais tout cela n'est qu'un palliatif qui devient illusoire lorsque le soleil, caché par les nuages, donne une chaleur insuffisante, ou lorsque des pluies et des grains empêchent de se servir de ses rayons bienfaisants. Il faut donc avoir, sous la main, un moyen facile et pratique de s'en passer et de les remplacer au besoin. Car, même en employant l'eau bouillante, il faut toujours avoir recours à l'exposition au soleil pendant près de huit jours, et les préparateurs de vanille savent, par expérience, combien cet astre leur est infidèle. Pour obvier à cet inconvénient, nous n'avons trouvé rien de mieux qu'une étuve à étagères, construite dans le genre des séchoirs à vanille, et munie d'une longue table garnie de couvertures de laine. La chaleur artificielle de 50 à 60°, qu'il est nécessaire de produire pour se placer dans les conditions équivalentes à celles que donne la chaleur solaire, pourrait être obtenue à l'aide d'un poêle ou de plusieurs lampes à pétrole qui seraient suspendues à la voûte du petit local. Un thermomètre réglerait le degré de température auquel on devrait s'arrêter. Tout le monde sait combien les lampes, en brûlant, produisent une sensible élévation de température dans les appartements fermés. Il est donc certain que deux ou trois lampes allumées dans un local de quelques mètres carrés l'échaufferaient bien vite au degré désirable.

Les lampes ne seraient allumées, chaque jour, que de neuf heures du matin à trois heures de l'après-midi. Les vanilles, ramassées dans leurs couvertures, conserveraient une chaleur d'au moins 30° pendant la nuit, et le lendemain elles seraient de nouveau soumises à leur chaleur de 50°, jusqu'à ce qu'elles soient arrivées au point voulu pour être portées au séchoir. Nous conseillons cette petite étuve pour les jours où le soleil serait peu chaud ou complètement invisible. Il est si facile de le remplacer, ces jours-là, par une chaleur artificielle obtenue dans les conditions dont nous venons de parler, que le préparateur aura tout intérêt à disposer un local muni de ces appareils si peu coûteux et si aisés à régler.

Pour nous résumer, nous dirons :

1° Que le procédé à l'eau bouillante est digne d'être conservé en principe, mais qu'on peut lui substituer la chaleur du soleil, concentrée sur des tables métalliques.

2° Que la chaleur artificielle de 50 à 60° dans une étuve, au moyen de lampes à pétrole ou d'un poêle, peut être utilisée, pour la préparation de la vanille, toutes les fois que le soleil vient à faire défaut.

Quant aux tentatives qui ont été faites, ces temps derniers, pour préparer les vanilles à la vapeur de l'eau bouillante, procédé qui exige entre 12 et 24 heures d'exposition au-dessus d'une chaudière maintenue à la température de l'ébulition, nous les considérons comme étant d'un emploi peu pratique. Il vaudrait infiniment mieux recourir au *procédé mexicain*, d'une exécution plus facile et qui donne des produits d'une préparation parfaite. Malheureusement il ne dispense pas de la chaleur solaire, et on retombe dans les mêmes inconvénients que nous avons signalés, à moins de faire usage de l'étuve pour terminer la première période de la préparation.

En décrivant les procédés de préparation usités en Amérique, nous avons été frappé de voir que tous comportent l'emploi d'une huile destinée à enduire les gousses pour les empêcher de se dessécher. Ici, on a cru pouvoir se passer de cette pratique ; c'est peut-être un tort. Il y aurait sans doute avantage à frictionner les gousses, avant de les mettre en paquet, avec l'huile grasse et balsamique qui s'écoule des fruits de vanille qu'on laisse mûrir naturellement à l'ombre. Il suffirait de suspendre un certain nombre de gousses mûres, cueillies fendues, à une corde tendue dans le séchoir et d'en recueillir avec le doigt les gouttelettes d'huile qui suintent à l'extrémité de la gousse, qu'on aurait le soin d'entourer d'un lien pour la serrer de temps à autre. Il est certain que, traitées de cette façon, les vanilles seraient plus onctueuses, plus odorantes et se dessécheraient moins promptement.

CHAPITRE IV

Composition chimique de la gousse de vanille. — Principe odorant : Givre ou vanilline. — Analyse des cendres de vanille.—Epuisement du sol produit par la culture de la vanille.

1° COMPOSITION CHIMIQUE DE LA GOUSSE DE VANILLE PRINCIPE ODORANT

Le fruit de la vanille, soit qu'il ait mûri naturellement sur pied, soit qu'il ait subi une préparation artificielle, se pénètre d'une odeur délicieuse qui le fait rechercher partout comme un des arômes les plus délicats que puisse fournir le règne végétal. On cite quelques plantes qui rappellent plus ou moins l'odeur de la vanille, telles sont : le *Pothos odoratissima*, l'*Héliotropum peruvianum*, l'*Eriobotrya japonica en fleurs*, la *Fève tonka*, la *gousse de Faham*, l'*Allium fragrans*, le *Capparis spinosa*, le *Cestrum vespertinum* ; mais tous ces parfums sont fugaces et ne peuvent être recueillis pour servir aux mêmes usages que la vanille.

La gousse à l'état vert, se compose essentiellement de deux parties : une *pulpe acide* et caustique, renfermant une quantité considérable de raphides en aiguilles et de cristaux d'oxalate de chaux (corps répandus également dans la tige et les feuilles) ; et une *huile colorée* en jaune citron, qui entoure les graines et leurs funicules. Cette huile, isolée au moyen de l'éther, possède une odeur assez prononcée qui rappelle un peu celle que la gousse prendra plus tard. Suivons, sur le fruit encore attaché à la tige, les changements que la maturation lui fait subir.

D'abord, l'extrémité inférieure commence à jaunir, et déjà se dégage une odeur caractéristique et pénétrante qui se rapproche plutôt de l'essence d'amandes amères (*hydrure de Benzoïle*) que de l'odeur de vanille. Les deux valves s'entr'ouvrent et laissent exsuder un peu d'huile balsamique. Mais, peu à peu, la couleur se fonce, l'épiderme se ramollit, l'odeur se développe plus franche et plus suave, et, à mesure que la fermentation gagne de nouvelles zones, la proportion d'huile balsamique augmente et tombe par gouttelettes rougeâtres et épaisses, surtout quand on a eu le soin de serrer la gousse par un petit lien. Cette huile porte le nom de *Baume de vanille*. Elle est recueillie, au Pérou, avec le plus grand soin, par les préparateurs de vanille, et employée aux mêmes usages que la gousse. Elle n'est jamais expédiée en Europe.

Ainsi la maturité de la gousse se fait de bas en haut, lentement, gagnant de proche en proche et n'atteignant l'extrémité supérieure ou crosse qu'au bout d'un mois. Que se passe-t-il dans l'intérieur de la gousse? Quelle réaction mystérieuse s'opère sous l'influence de l'air et des chauds rayons du soleil? C'est là une de ces admirables combinaisons dont la nature n'a pas encore révélé le secret. Quelques chimistes prétendent que le parfum de la vanille est localisé au centre du fruit et qu'il occupe la région qui avoisine les graines et le placenta. Il y a du vrai dans cette opinion; on voit, en effet, dans les locaux où l'on dépose la vanille verte, des rats s'emparer des gousses, ronger le fruit jusqu'au centre et abandonner ensuite ces débris. Ceux-ci, au bout de quelques jours, dégagent une odeur des plus parfumées, identique à celle de la gousse entière. Nous pensons néanmoins que toutes les parties du fruit concourent à la formation du principe odorant: elles subissent des modifications trop considérables pour ne pas jouer un rôle accusé dans l'élaboration de ce principe.

Dans la préparation artificielle, on cherche à obtenir, dès le début, soit par l'eau bouillante, soit par le soleil ou l'étuve, un commencement de maturité répandu uniformément sur la gousse entière. On force la gousse à mûrir partout à la fois et on concentre tout son parfum à l'intérieur en l'empêchant de s'ouvrir. En définitive, quoique la méthode artificielle s'éloigne considérablement de la marche indiquée par la nature, on arrive à obtenir des gousses douées d'un parfum délicat et exquis, lequel se développe surtout par une élévation de température. La vanille du Mexique se distingue de la nôtre en ce qu'elle est plus parfumée à froid.

Principe odorant. — D'après Bucholz et Vogel, la gousse de vanille préparée artificiellement renferme une huile grasse d'une saveur désagréable, une résine molle, un extrait amer, du sucre, une substance amygdaloïde, de l'acide benzoïque. Avant les travaux récents de M. Gobley, on s'était peu occupé du *principe odorant* de la vanille et on prenait généralement le *givre* qui se forme sur les gousses pour de l'acide benzoïque. Ce dernier chimiste est parvenu à isoler ce principe odorant, et a démontré qu'il différait beaucoup de l'acide benzoïque; il lui a donné le nom de *vaniline*. Voici comment il a opéré pour l'obtenir.

Des gousses de vanille de première qualité sont traitées par l'alcool à 85° et laissées à macérer pendant 15 jours ou un mois. Le liquide filtré est évaporé au bain-marie et la masse extractive est introduite dans un flacon avec la quantité d'eau nécessaire pour lui donner une consistance sirupeuse. On la traite par de l'éther jusqu'à ce que celui-ci ne se colore plus. On fait ensuite évaporer ce liquide et on obtient une substance brune et très-odorante, qu'on reprend par l'eau bouillante qui sépare le principe aromatique et laisse déposer des cristaux par évaporation.

Ces cristaux, purifiés par du charbon animal et plusieurs cristallisations successives, sont incolores, sous forme de longues aiguilles (prismes à 4 pans terminés par des biseaux), doués d'une odeur aromatique très-forte, d'une saveur chaude et piquante, durs et croquant sous la dent. Ils n'ont aucune action sur le papier de tournesol.

Vers 150°, ils se volatilisent sous la forme de petits cristaux d'une blancheur éclatante, ayant l'odeur suave de la vanille, très-solubles dans l'alcool et l'éther, insolubles dans l'eau froide, assez solubles dans l'eau bouillante.

Ces cristaux ont pour composition :

Carbone.	75.22
Hydrogène	3.98
Oxygène.	20.88

Ce qui donne pour formule C^{20}, H^{6}, O^{4}.

On a confondu à tort cette substance avec l'*acide benzoïque*, qui cristallise en aiguilles hexagonales, et est inodore à l'état de pureté. Cet acide forme, en outre, des sels avec les bases, présente une réaction acide avec le papier tournesol et a pour formule : C^{14}, H^{6}, O^{4}. Le composé chimique, avec lequel la vaniline aurait le plus de rapport, serait plutôt la *Coumarine*, principe odorant retiré des feuilles et des gousses du *Faham* et qui a pour composition : C^{18}, H^{6}, O^{4}.

La vaniline n'en diffère que par son point de fusion et son odeur.

Ainsi donc le *givre* n'est autre chose que le principe isolé par M. Gobley.

« Par quelle influence, dit ce chimiste, la matière odorante de la « gousse de vanille passe-t-elle à l'état de givre? Cela n'a pas été « nettement déterminé. Les conditions favorables à cette formation « sont : la conservation dans un lieu sec et dans un vase non hermétiquement bouché; le transport d'un endroit chaud dans un milieu « froid. »

Les vanilles de la Réunion se recouvrent de givre deux mois environ après leur préparation. Enfermées hermétiquement dans des boîtes en fer blanc, pour l'expédition hors la Colonie, elles sont entièrement recouvertes de cristaux lorsqu'elles arrivent en France. Elles subissent, il est vrai, pendant la traversée, des différences de température considérables qui doivent augmenter la formation de ces cristaux. Le givre affecte deux formes bien distinctes ; tantôt ce sont des paillettes plus ou moins larges et extrêmement minces; tantôt les cristaux se présentent sous l'aspect d'aiguilles d'une grande ténuité et en nombre tellement infini que l'agglomération de ces cristaux sur les gousses ressemble à de la moisissure. C'est ce qu'on appelle le *givre cotonneux*. Le commerce déprécie les vanilles qui en sont revêtues, parce qu'il les confond probablement avec de la moisissure. C'est là une grave erreur. Il est facile de constater, à l'aide d'une loupe, la disposition de ces aiguilles; d'un autre côté, ce givre se produit de préférence sur les gousses les plus mûres et les plus parfumées.

La vaniline préexiste dans la vanille mûre; elle ne fait que se cristalliser à la surface quand la vanille est placée dans des conditions favorables à son développement. La teinture de vanille donne, au bout d'un certain temps, des cristaux de vaniline.

Les réactions qui permettent de constater l'identité de la vaniline et de la séparer de l'acide benzoïque, sont les suivantes :

Elle donne une coloration *violet foncé* avec le sesquichlorure de fer;

Et une coloration *verte* à froid et *rouge* à chaud, avec l'acide sulfurique.

2° ANALYSE ET COMPOSITION DES CENDRES DE VANILLE

Analyse des cendres de la tige. — La tige et les feuilles de vanille, d'après l'analyse que nous avons faite, renferme :

Eau.	90.00
Ligneux.	8.83
Cendres (sels minéraux).	1.17
	100.00

Les cendres sont extrêmement riches en sels alcalins. Ces derniers, en effet, entrent pour 53.39 °/ₒ dans leur composition, et les sels terreux pour 46.61.

Leur analyse peut se formuler ainsi :

Sels alcalins. . . .	53.39	Carbonate de potasse. . . .	43.74
		Chlorures de potassium et de sodium.	7.37
		Sulfate de potasse.	2.28
Sels terreux. . . .	46.61	Phosphate de chaux. . . .	12.33
		Oxyde de fer et alumine. .	1.71
		Sels de chaux et magnésie.	31.67
		Silice et perte.	0.90
			100.00

Analyse des cendres de la gousse. — L'analyse de la gousse mûre nous a donné les résultats suivants :

100 de gousse en poids donne 7.22 de cendres.
100 parties de cendres renferment :

Sels alcalins (dont 31 °/o de potasse).	75.00
Phosphate de chaux, alumine et fer.	14.40
Sels de chaux et de magnésie.	7.60
Silice.	3.00
	100.00

Ce qui nous frappe le plus dans la composition analytique de ces cendres, c'est leur analogie presque complète avec celle des *cendres du bananier*, du moins en ce qui se rapporte aux sels alcalins. En effet les cendres de bananier ont pour composition :

Sels alcalins.	75.00
Phosphate de chaux, etc.	9.30
Sels de chaux et magnésie.	10.77
Silice.	4.55
	100.00

Aussi avons-nous pensé que le terreau de bananier ou les cendres de ce végétal pourraient devenir un excellent engrais pour la vanille, puisque celle-ci trouverait, dans les principes constituants de cette plante, des éléments de même nature et tout aussi riches en sels alcalins (1).

La proportion assez élevée de chlorures, que nous avons constatée dans les cendres de la vanille, nous suggère en outre l'idée que les chlorures jouent un rôle actif dans le développement de la plante. Aublet n'a-t-il pas avancé que les plus belles vanilles de la Guyane se rencontraient au bord des criques, dans les terrains saumâtres et baignés d'eau salée? Ce fait est entièrement conforme aux données de l'analyse qui démontre que la vanille a besoin de s'assimiler des chlorures. Dès lors, il peut se faire qu'une addition de sel marin aux composts destinés à servir d'engrais aux vanilles, devienne une excellente mesure et favorise la végétation des lianes qui ne rencontrent peut-être pas, dans tous les terrains de la Réunion, la proportion de chlorures qui leur est nécessaire. Il ne faut pas perdre de vue que l'absence, dans le sol, d'un seul des éléments dont les végétaux se

(1) Certains expérimentateurs nous ont même assuré qu'en plaçant, sur des troncs de bananiers vivants, des boutures de vanille introduites dans un trou pratiqué jusqu'au cœur du bananier, ces boutures se développaient avec une vigueur remarquable et fleurissaient dès la première année. Preuve nouvelle de la corrélation qui existe entre les éléments de ces deux plantes. — (*Note de l'auteur.*)

nourrissent, suffit pour enrayer son développement et lui imprimer un cachet de débilité.

3° ÉPUISEMENT DU SOL PRODUIT PAR LA CULTURE DE LA VANILLE

La connaissance de la proportion des principes alcalins et terreux, qui entrent dans la composition des cendres de vanille, va nous permettre de calculer approximativement la perte que la culture de cette plante fait subir au sol, et nous amener à pouvoir formuler cette conclusion : c'est que la vanille est, de toutes les plantes qui se cultivent aux colonies, une des plus épuisantes.

Pour arriver à ce résultat, prenons, pour faciliter nos calculs, une vanillerie âgée de sept ans, qui aurait produit pendant quatre ans et qu'on aurait ensuite arrachée pour la renouveler. De plus, acceptons comme point de départ :

Que chaque pied de vanillier, arrivé à son summum de développement, pèse à peu près 50 kilog. ;

Qu'une gaulette (1) de terre renferme 12 plants de vanille et un hectare environ 5,000 ;

Qu'enfin, une gaulette donne comme produit net, chaque année, 1 kilog. de gousses préparées.

Ces principes une fois posés, et faisant application des données de nos analyses précédentes, nous trouverons qu'au bout de la septième année, une vanillerie aura enlevé au sol, par hectare :

Potasse	932 k.
Phosphates, sels de chaux et de magnésie	1,350

Dans la même période de temps la canne à sucre n'aurait pris à la terre que :

Potasse	672 k.
Phosphates, chaux et magnésie	700

C'est donc près de la moitié en plus d'éléments assimilables que la vanille puise dans le sol sur lequel elle est plantée. Or, comme on ne fume généralement les vanilleries qu'avec de l'humus, qui renferme peu de sels alcalins, on voit de suite combien certaines vanilleries cultivées sur le même sol pendant vingt années consécutives, ont dû l'appauvrir et le rendre impropre pour longtemps à l'entretien d'une vanillerie nouvelle.

(1) Une gaulette mesure 25 mètres carrés.
Un hectare renferme 421 gaulettes.

CHAPITRE V

Maladie de la vanille. — Falsifications. — Usages

1° MALADIE DE LA VANILLE

Causes de la maladie. — Depuis plusieurs années, la vanille est atteinte d'une maladie qui a fait de terribles ravages au moment de son apparition, et dont malheureusement la marche est loin d'être enrayée aujourd'hui. Cette maladie a été étudiée avec soin par MM. le docteur Jacob de Cordemoy et A. Conte, et elle a fait dernièrement, de leur part, l'objet d'une publication pleine d'intérêt. Nous partageons presque entièrement leur manière de voir à l'égard des causes qui ont pu la faire naître ; aussi les idées que nous allons exposer sont-elles, en partie, conformes à celles qu'ils ont émises.

La maladie se présente, dans ses manifestations, sous deux aspects bien distincts. Tantôt elle apparaît brusquement et débute par les racines et le bas de la tige, qui pourrissent les premières et entraînent la putréfaction du reste de la plante. Dans l'espace d'un mois, on voit de belles vanilleries, offrant jusque-là l'apparence de la vigueur et de la santé, succomber tout entières, le mal gagnant de proche en proche et atteignant tous les individus. Tantôt la maladie suit une marche lente et insidieuse; la liane entière se décolore et passe au jaune verdâtre, les feuilles deviennent molles et blanchâtres, les suçoirs se dessèchent et toute la plante racornie finit par périr. Tels sont les caractères sous lesquels la maladie se présente le plus souvent.

A quelles causes est-il permis d'attribuer cette épidémie? Faut-il y voir la conséquence d'un état général maladif, mais transitoire, dont les effets se sont fait sentir sur presque tous les végétaux cultivés dans la colonie, tels que la canne, le cocotier, le sang-dragon, etc.? Ou bien faut-il plutôt la considérer comme le résultat logique d'une culture mauvaise et irrationnelle qui a amené la *dégénérescence de la plante* et *l'épuisement du sol* des anciennes vanilleries? Nous penchons, de préférence, pour cette dernière manière d'envisager les choses; elle satisfait mieux l'esprit et rattache le phénomène, que nous étudions en ce moment, aux grandes lois qui régissent l'agriculture moderne, et dont on ne peut s'écarter sans péril.

La vanille (et en particulier l'espèce dont nous nous occupons) a été destinée, par la nature, à ne produire qu'un nombre de fruits très-limité. Il est clair que l'homme ne peut brusquement changer, pour ses besoins, les conditions physiologiques d'une plante, sans que celle-ci en souffre à la longue et ne finisse par succomber plus tard à des causes d'épuisement incessamment renouvelées. Qu'est-il arrivé en effet à la Réunion? De 1822 à 1850, la vanille est livrée à elle-même; elle en profite pour s'acclimater sous un ciel qui n'est pas le sien. Elle fleurit sans donner de fruits; et, grâce aux pluies bienfaisantes dont la colonie était alors abondamment arrosée, elle pousse des tiges plantureuses et prend tout à fait droit de cité à la Réunion. La découverte de la fécondation artificielle devait changer du jour au lendemain les conditions de vitalité de la vanille.

Au lieu de ménager une plante, à laquelle la nature avait donné des organes de reproduction si différents des autres végétaux, on la soumit à des fécondations nombreuses, répétées chaque année. On exigea de chaque pied de vanille jusqu'à plusieurs kilogrammes de gousses; mais on ne prit aucune mesure pour créer de nouvelles plantations, les changer de terrain, combattre l'épuisement du sol et assurer l'avenir des vanilleries en faisant des pépinières de lianes vierges, destinées à remplacer les anciennes. La vanille sembla supporter sans en souffrir le régime barbare auquel elle était astreinte; mais un travail latent d'épuisement dut s'opérer dans son organisme. Semblable aux animaux surmenés par des fatigues disproportionnées à leurs forces et par des reproductions trop souvent répétées, et qui voient la hideuse phthisie les consumer eux et toute leur race misérable; ainsi la vanille, désorganisée par une culture sans frein et renouvelée par des éléments atteints eux-mêmes dans les sources de la vie, la *cellule*, a fini par donner, au bout de vingt ans d'un pareil traitement, les signes révélateurs d'une maladie mortelle. Qui n'a vu souvent en France des arbres à fruits, tels que des pommiers, se couvrir, une année, d'une quantité prodigieuse de fleurs et de fruits, et succomber à la suite de cette exubérante production? La vanille a subi le même sort, non point du fait de la nature, mais de la main de l'homme qui n'a pas su appliquer à la culture de cette plante les sages indications de la science agricole, consistant à ne jamais s'écarter des conditions normales qui conviennent à chaque plante en particulier et à entretenir la vigueur de l'espèce, par une sélection intelligente et continue de rejetons provenant des sujets les plus beaux et les plus sains.

Nous avons montré, dans le chapitre précédent, par des chiffres éloquents, combien la culture de la vanille enlevait à la terre d'éléments précieux de fertilisation. On peut donc invoquer encore l'*épui-*

sement du sol comme une des causes secondaires de la maladie de la vanille.

Les principes que la vanille s'assimile de préférence, sont des sels de potasse, c'est-à-dire ceux dont le sol s'appauvrit le plus vite ; et il ne faut pas oublier que les premières vanilleries, qui ont été créées, ont duré près de trente ans et que, pendant tout ce laps de temps, les mêmes vanilles se sont presqu'exclusivement nourries aux dépens des seuls éléments que renfermait le terrain sur lequel elles étaient plantées. C'est plus de temps qu'il n'en fallait pour absorber tous les sels de potasse du sol, le rendre infécond pour de longues années et surtout entièrement impropre à de nouvelles plantations de vanille. Aussi nous paraît-il tout naturel que des boutures de vanille, provenant généralement de sujets déjà très-fatigués, refusent de pousser sur le terrain des anciennes vanilleries. En dehors de l'épuisement de ce sol, les racines des vieux vanillers ont dû y laisser quelque principe morbide que les jeunes boutures viennent absorber plus tard. Nous en ignorons, il est vrai, la nature ; les quelques analyses que nous avons faites de terres prises dans les vanilleries malades ne nous ont permis de constater qu'une chose, c'est qu'elles renferment dans la partie soluble dans l'eau, des cristaux d'oxalate de chaux, en aiguilles et en losanges, ainsi qu'on en voit, à l'aide du microscope, dans le suc et l'épiderme des vanilles. Nous signalons le fait sans vouloir en tirer de conséquences, pour tenter d'expliquer la maladie des vanilles par la présence de ces nombreuses aiguilles dans le sol.

MM. Jacob de Cordemoy et A. Conte ont analysé les cendres de vanilles malades, pour en comparer la composition à celle des cendres de vanilles saines ; ils ont trouvé, dans les premières, beaucoup moins de potasse que dans les secondes. Ce résultat concorde avec celui qu'ils avaient précédemment obtenu en faisant la même opération à l'égard des cannes malades et bien portantes. Voici les deux tableaux où sont consignées leurs expériences :

1° ANALYSE DE CENDRES DE VANILLE

Tiges et feuilles

POUR 100 DE CENDRES	VANILLE MALADE	VANILLE SAINE
Potasse pure	19.604	29.753
Chaux	29.380	21.440
Acide phosphorique.	4.305	7.101

2e ANALYSE DE CENDRES DE CANNE

Tiges et feuilles

POUR 100 DE CENDRES	CANNE ROUGE MALADE	CANNE ROUGE SAINE
Potasse pure	0,863	27,727
Chaux	5,111	1,934
Acide phosphorique.	3,367	11,715

Aux causes de maladie que nous venons d'énumérer vient s'en joindre une troisième, qui même peut être considérée comme l'effet ou l'essence de la maladie : c'est *l'invasion parasitaire* des vanilles malades. M. le Dr Jacob de Cordemoy a découvert, à l'aide d'un puissant microscope, dans le tissu de ces vanilles, un vibrion dont il est parvenu à caractériser l'espèce : c'est le *bacterium putredinis*.

Pour l'auteur de cette ingénieuse théorie, le sol des vanilleries malades serait un réceptacle de ces animalcules microscopiques ; et ceux-ci s'introduiraient dans les boutures de vanilles, par les plaies vives provenant des sections opérées sur les tiges mères pour les en détacher. C'est ce qui expliquerait la cause du dépérissement de toutes les vanilles, que l'on plante à nouveau sur les terrains où d'anciennes lianes ont péri à la suite de maladie. Cette explication est très-plausible ; mais il resterait à prouver que le sol des vanilleries malades renferme bien réellement les vibrions en questions, et à démontrer comment ces mêmes vibrions parviennent à s'introduire dans les vanilles entièrement développées et n'offrant aucune solution de continuité, par où le *bacterium putredinis* puisse s'introduire. Il est vrai que, pour ces dernières, la présence du vibrion peut, ou bien n'être que la conséquence de l'état de pourriture dans lequel se trouve la plante à un degré avancé de la maladie, (ainsi que cela a lieu pour tous les fruits gâtés et tous les organismes végétaux en état de décomposition) ; ou bien le tissu lui-même de la plante engendrerait, à un certain état de dégénérescence, le germe organisé qui doit lui donner la mort, et ces bactéries, empoisonnant le sol, viendraient le rendre impropre au développement des boutures qu'on pourra y planter plus tard. Dans ce dernier cas, on pourrait invoquer la séduisante conception de MM. Béchamp et Estor, professeurs à Montpellier, qui prétendent que les granulations moléculaires des végétaux et des animaux, qu'ils désignent sous le nom de *microzymas* (petits ferments) peuvent, dans certaines conditions de milieu, évoluer en bactéries.

« L'être vivant, disent-ils, rempli de microzymas, porte en lui-même, « avec ces microphytes-ferments, les éléments essentiels de la vie, de « la maladie, de la mort et de la destruction. »

Quoi qu'il en soit, pour nous comme pour M. le Dr J. de Cordemoy, le point de départ de la maladie de la vanille est un vice de culture et de nutrition. L'invasion parasitaire ne pourrait être, dans tous les cas, que la conséquence d'un état maladif antérieur tenant à des causes plus générales, plus profondes et qu'on doit combattre avant tout pour faire cesser la maladie.

Moyens de combattre la maladie. — Nous avons essayé, dans les chapitres consacrés à la culture et à la fécondation de la vanille, de montrer avec quelle prudence et quel ménagement il fallait traiter la vanille, si l'on voulait conserver à la Colonie cette branche si importante de notre agriculture. Nous n'avons qu'à résumer ici, en quelques mots, les règles que nous avons déjà formulées et qui sont les suivantes :

1° Choisir les lianes les plus vigoureuses pour en faire des pépinières qui ne devront jamais subir la pratique de la fécondation. Établir ces pépinières dans les endroits bas ou élevés, pas trop humides, et dont le sol soit abondamment pourvu d'humus.

2° Ne faire des boutures qu'avec ces lianes vierges, et jamais avec des vanilles provenant de l'arrachement d'anciennes vanilleries.

3° Ne féconder que deux fleurs par grappe ; ou, si l'on veut en féconder davantage, diviser sa vanillerie en quatre carreaux, de façon à ne féconder chaque carreau qu'une fois tous les quatre ans.

4° Renouveler les vanilleries au bout de la septième année dans le premier cas et de quinze ans dans le second cas. Choisir un terrain vierge pour une plantation nouvelle ; préparer le sol à l'avance et lui donner les qualités réclamés par ce genre de culture.

5° Fumer les vanilles, deux fois par an, avec des composts formés de terreau, de cendres, et d'un peu de chaux et de sel marin.

On trouvera certainement les principes, que nous venons de poser, trop rigoureux ; et bien peu de planteurs se sentiront le courage de les mettre en pratique. Cependant, nous avons la ferme conviction que si la plante peut être sauvée d'une ruine totale, elle ne le sera qu'en la traitant comme une malade, c'est-à-dire en l'entourant de soins qui lui permettent de revenir peu à peu à la santé. Qu'on ne perde pas de vue qu'on a à réparer bien des abus vis-à-vis cette plante étrangère, qui a été un peu traitée comme la poule aux œufs d'or de la fable. Il vaut encore mieux chercher à la conserver, tout en diminuant volontairement sa fécondité artificielle presque illimitée, que de risquer de la perdre entièrement en suivant les errements du passé.

Comme dernière recommandation, nous conseillons de s'occuper sérieusement, dès aujourd'hui, de faire venir, principalement des serres du Muséum de Paris (1), des caisses de boutures de vanille pour créer de *nouvelles pépinières et renouveler nos plants*. Il est nécessaire de faire, sans délai pour les vanilles, ce qui a déjà été fait pour les cannes, dont on a changé toutes les espèces quand on se fut aperçu que les anciennes tendaient à dégénérer.

Rien ne serait plus facile que de se procurer, par les voies rapides, des vanilles de la même espèce que celle que nous avons ici ou d'espèce différentes. Les serres du Muséum à Paris, celle de Liége, de Londres, doivent renfermer toutes les variétés du Mexique les plus estimées. Il suffirait de confier à une personne instruite et entendue le soin de choisir des spécimens pouvant convenir à la Colonie, pour que celle-ci s'enrichisse bien vite de nouvelles espèces destinées à remplacer nos vanilles malades ou dégénérées. Manille, où nous savons qu'il existe aussi des vanilles qui ont été autrefois importées ici par M. Perrotet, pourrait aussi fournir son contingent.

L'idée d'une introduction de lianes nouvelles est, du reste, suffisamment mûre aujourd'hui, pour qu'il soit nécessaire d'insister davantage. L'intérêt de la petite culture y est engagé, et si cette branche de notre industrie agricole venait à lui être enlevée, les pertes se chiffreraient par des sommes fort importantes.

D'après une statistique comprenant la production et le prix moyen de la vanille exportée en France, pendant les huit dernières années, on voit que, s'il y a eu une grande fluctuation dans les cours, le commerce de la vanille n'en représente pas moins des sommes assez élevées.

La production en vanille a été :

En 1851 de. . . .	30 k. à	50 fr.	1.500 fr.
En 1858	1.937	110	180.000
En 1861	15.773	119	1.735.030
En 1865	35.376	14	495.624
En 1867	20.789	10	207.890
En 1870	4.705	30	141.150
En 1871	14.000	100	1.400.000
En 1872	11.000	160	1.760.000

D'après le tableau précédent, il résulte que le kilog. de vanille s'élève

(1) Il serait à souhaiter que le comité de l'Exposition voulût bien expédier à la Réunion des boutures de toutes les vanilles cultivées dans les serres du muséum. — Nous pourrions ainsi renouveler peu à peu nos espèces malades. — Il est impossible de compter sur l'initiative privée, pour remédier aux conséquences de la maladie de la vanille. — (*Note de l'auteur*.)

à un prix moyen de 70 francs. C'est là un prix fort rémunérateur. En effet, dans l'état actuel, une gaulette donne un produit net de 1 k. de gousses préparées, c'est-à-dire 70 francs, et un hectare près de 30,000 francs. Existe-t-il beaucoup de cultures pouvant donner un aussi beau revenu ? Cette année, où la vanille a atteint 160 francs le kilo, le produit à l'hectare s'est élevé à 67,000 francs (1). En supposant même les plantations de vanille soumises au régime que nous préconisons, c'est-à-dire fécondées une seule fois tous les quatre ans, le revenu annuel serait encore fort beau.

L'entretien et la main-d'œuvre d'une vanillerie ne demandent pas une grande mise de fonds. M. de Floris prétend qu'on peut entretenir une vanillerie rapportant 500 k. de gousses, par conséquent d'une superficie de un à deux hectares, avec 10 hommes. Or, 500 k. de gousses au prix moyen de 70 francs représentent 35,000 francs ; en défalquant 5,000 francs pour la faisance-valoir et autres frais, il reste un chiffre net qui représente presqu'une petite fortune.

Or, comme nous le disions, les bénéfices de vente de la vanille se répartissant principalement entre les mains des petits propriétaires, il importe que la Colonie conserve cette source de revenus et qu'elle s'en assure la durée par des mesures efficaces (2).

2° FALSIFICATIONS DE LA VANILLE

On peut dire que la vanille préparée à la Réunion et expédiée en France est pure de toute sophistication. Le seul reproche qu'on puisse faire à certains expéditeurs, c'est celui d'envoyer des vanilles préparées à l'aide de gousses cueillies avant maturité et qui se pourrissent pendant le trajet de la Colonie à la Métropole. Si cette pratique des plus condamnables devait se continuer, il y aurait évidemment, pour notre vanille coloniale, une cause de dépréciation qui nuirait à la bonne renommée dont elle avait joui jusqu'à présent sur les marchés européens (3).

La vanille qui vient de l'étranger est souvent l'objet de falsifications

(1) En 1872 et 1873, les belles sortes de vanille ont atteint le prix de 225 francs le kilog.

(2) Nous avons tout lieu de croire que les vanilles du Bois-Blanc vont être, pour la colonie une nouvelle source de richesse. — Elle semblent avoir rencontré, dans cette localité, le terrain et le climat qui leur conviennent. — (*Note de l'auteur.*)

(3) On nous assure, de source certaine, que des préparateurs de vanille peu scrupuleux se servent du *Baume de Pérou*, pour sophistiquer les vanilles de mauvaise qualité. — C'est une pratique déplorable à tous les points de vue et qui dépréciera de plus en plus la vanille de la Réunion. — (*Note de l'auteur.*)

nombreuses, qui sont généralement faciles à déceler. Ainsi il arrive parfois que d'adroits industriels épuisent toute la partie balsamique de la vanille au moyen d'alcool, et remplacent l'arôme de la gousse, en enduisant celle-ci, intùs et extrà, de baume de Pérou qui offre à peu près la même odeur, mais dont la valeur commerciale est infiniment moindre. D'autres remplissent la gousse de sable ou de cassonade, pour lui donner un poids plus considérable. Les plus adroits saupoudrent des vanilles inférieures de cristaux d'acide benzoïque pour leur donner l'apparence de gousses bien givrées. Mais il faut bien dire que ces manœuvres coupables trompent rarement un œil exercé et qu'elles tournent le plus souvent à la confusion de leurs auteurs. Nous n'en aurions même pas parlé si nous n'avions pas tenu à ne rien taire de ce qui concerne l'histoire de la vanille.

3° PROPRIÉTÉS ET USAGES DE LA VANILLE

La vanille a passé longtemps pour un puissant excitant des organes générateurs, et à ce titre elle était classée parmi les aphrodisiaques. On assurait également que, ingérée à la dose de 1 à 2 grammes dans du vin ou du lait, elle relevait les forces abattues, facilitait la digestion, activait la nutrition et la transpiration cutanée. Aujourd'hui, on l'emploie rarement comme médicament, et on la considère plutôt comme un aromate destiné à flatter le palais et l'odorat des gourmets, que comme un agent thérapeutique.

Pour s'emparer, dans l'industrie, de son principe aromatique, on emploie l'alcool, les corps gras ou le sucre. Il n'existe pas, en effet, d'essence de vanille ; l'alcool et les corps gras ne font que s'imprégner de ce principe cristallisé, la vaniline dont nous avons parlé plus haut. Pour les besoins de la confiserie, on triture les gousses avec du sucre bien sec, jusqu'à pulvérisation complète et on conserve dans des flacons bien bouchés. C'est cette mixture qui sert ensuite à aromatiser les chocolats, les crèmes et tous les bonbons fins de la confiserie moderne. L'huile balsamique grasse que contient la vanille, possède la précieuse propriété de s'opposer à la rancidité des corps gras (comme le benjoin et les bourgeons de peupliers). C'est ce qui fait que son addition au chocolat remplit le double but : de lui donner un suave parfum et d'empêcher le beurre de cacao de s'altérer.

La vanille est encore employée à d'autres usages qui viennent, jusqu'à un certain point, expliquer la consommation croissante que l'on en fait depuis quelques années, et les hauts prix qu'elle a atteints en ces temps derniers (1). Il paraît qu'on s'en sert pour améliorer le goût des eaux-de-vie du Nord, de la Russie surtout, et pour donner du bouquet aux vins inférieurs. La vanille serait également utilisée, comme mordant, pour fixer certaines teintures délicates sur les soieries lyonnaises. Malgré tous nos efforts, il nous a été impossible de nous procurer des renseignements précis et certains à cet égard (2). Il faut, cependant qu'il y ait quelque chose de fondé dans cette opinion généralement répandue à la Réunion ; car il nous semble difficile de croire que les vanilles atteindraient un prix aussi élevé, si leur usage n'était limité qu'aux seuls besoins de la confiserie et de la chocolaterie. Il serait à souhaiter que l'écoulement des excellents produits qui se fabriquent dans la colonie devînt assuré par les exigences d'une industrie aussi importante que celle des soieries ou des alcools. L'avenir de la culture de la vanille deviendrait alors moins aléatoire et la vente de ce produit sortirait de ces fluctuations énormes de prix qui décourageaient les planteurs et les empêchaient de s'occuper de la vanille avec tous les soins que mérite cette plante si utile et si intéressante.

(1) Nous pensons que l'augmentation de la consommation de la vanille tient plutôt aux mauvaises récoltes du Mexique et à l'accroissement du bien-être en Allemagne et en Russie où ce produit est maintenant très-demandé. — (*Note de l'auteur.*)

(2) D'après les renseignements pris à Vienne (Exposition universelle de 1873), auprès des chimistes les plus éminents réunis pour les opérations du Jury, la vanille n'est pas employée en teinture ; sa consommation n'a pris une extension considérable que depuis la grande Exposition de 1867, à la suite d'une vente de 6,000 kilogrammes de gousses, faite à des prix extrêmement bas et, en grande partie, à des étrangers ; le goût s'en est, de ce moment, rapidement répandu parmi des populations qui, jusque-là, ne la connaissaient que de nom et qui, aujourd'hui, ne peuvent plus s'en passer.

La production de la vanille serait quatre fois plus considérable que son prix ne baisserait pas sensiblement.

(*Note de M. Aubry-Lecomte, délégué de la Marine et des Colonies à l'Exposition de Vienne.*)

FAHAM

Nom Botanique. — Angrœcum fragrans (Dupetit-Thouars, Orchidées d'Afrique).

Var : *A. minus.*
B. majus.

Synonymie. — Acrobion fragrans (Sprengel).
Acranthus fragrans (Reicheimbach fils).

Nom vulgaire. — Faham, fahon à la Réunion et à Maurice.
Fanave, à Madagascar.

Description botanique. — Le faham appartient au genre Angrec, famille des Orchidées.

Il est caractérisé de la manière suivante :

Tiges légèrement aplaties et fléchies en zigzags, avec des graines courtes aux entre-nœuds.

Feuilles rubanées, distiques, linéaires, engaînantes à la base, obliquement échancrées au sommet; elles sont posées verticalement, présentant leur côté plat à la base.

Fleurs solitaires, naissant à l'aisselle des feuilles, d'un blanc pur et très-parfumées. Périanthe étalé à 6 divisions libres, presqu'égales entre elles, ovales, aiguës et recourbées en arrière. Le labelle ou tablier est sessile, charnu, cochléaire, acuminé, à limbe entier. L'éperon est droit, pendant, cylindro-conique, plus long que le périanthe.

Gynostême court, tronqué, semi-circulaire; anthère operculaire à deux loges. — Pollinies au nombre de deux, céracées, obovales, profondément sillonnées en arrière. — Caudicules élastiques, filiformes se réunissant en une bifurcation implantée sur une membrane blanche, translucide, oblongue, laquelle se termine en un rétinacle visqueux.

Fruit capsulaire, en massue, de couleur verte, marqué de 6 côtes et s'ouvrant à la maturité en 3 valves qui laissent apercevoir au milieu de poils filamenteux jaunâtres une multitude de petites semences microscopiques et ailées.

Station. — Le Faham est originaire de l'île de la Réunion, de Maurice. On le rencontre à Madagascar et dans l'Inde. Il exige, pour se développer une altitude de 500 à 1,800 mètres.

Floraison. — Il fleurit de novembre à mars, pour la première variété, et d'avril à août pour la seconde. Il vit accroché en fausse parasite, par ses racines adventives, sur les vieux troncs d'arbres, les pierres. Il recherche l'humidité et l'ombre et se plaît surtout au milieu des détritus végétaux où se forme de l'humus.

Parties usitées. — Feuilles et fruits. Ses feuilles, à l'état frais ont une odeur agréable qui se perçoit surtout lorsqu'on les presse entre les doigts; — elles ont un goût aromatique, suivi d'un peu d'amertume.

Lorsque les feuilles ont jauni sur la plante ou qu'elles ont été desséchées artificiellement en les attachant par paquets dans des appartements bien aérés, elles acquièrent un arome beaucoup plus prononcé qui rappelle celui de la *fève tonka*, du *mélilot* et de la *vanille*.

La gousse après maturité complète, est douée d'une odeur plus forte et plus délicate. Préparée comme le fruit de la vanille, au moyen de l'eau bouillante, elle reste entière sans s'ouvrir et conserve son parfum très-longtemps. Elle se présente alors sous l'aspect d'une petite gousse noire, mince, longue de 5 à 6 centimètres et terminée par une queue grêle.

Composition des feuilles et des fruits. — Les feuilles et les fruits cèdent leur principe aromatique à l'alcool, à l'éther et à l'eau bouillante : ce dernier liquide leur enlève, en outre, un principe légèrement amer et une substance mucilagineuse.

M. Gobley, que nous avons déjà cité à l'occasion de ses recherches sur le principe aromatique de la vanille, a retiré des feuilles de faham en leur faisant subir un traitement analogue à celui de l'autre orchidée, un corps cristallisé qui présente à la fois l'odeur aromatique du faham, du mélilot et de l'amande amère. Il se présente sous la forme de petites aiguilles blanches et soyeuses, ou bien de prismes courts terminés par des biseaux. Leur odeur se développe surtout par le frottement entre les doigts ou une légère élévation de température.

Ce principe qui, d'après l'analyse, aurait la composition suivante :

Carbone.	76.12
Hydrogène.	4.12
Oxygène.	19.76
	100.00

et dont la formule est représentée par $C^{18} H^{6} O^{4}$ serait exactement le même que celui qu'on a déjà extrait de la *fève tonka*, de l'*aspérule odorante*, et du *mélilot* : ce serait en un mot de la *coumarine.*

Cette substance n'a pas encore été recherchée dans les fruits ; mais tout porte à croire que ceux-ci en renferment de plus grandes proportions que les feuilles. Comme il est très-difficile même à la Réunion de se procurer, à la fois, une assez grande quantité de gousses pour faire une expérience, celle-ci n'a pas encore pu être tentée jusqu'à présent.

Usages. — A la suite du déboisement d'une portion des parties élevées de l'Ile, le faham tend à se faire rare ; et, si l'on n'y prend garde, cette plante disparaîtra complétement du Pays quand il serait si facile de la multiplier au moyen de semis de graines.

Les feuilles desséchées du faham sont usitées depuis longtemps en infusion théiforme, soit seules, soit mélangées par moitié avec le thé. On reconnaît au faham des propriétés digestives et pectorales. Les feuilles fumées combattent les crises d'asthme avec avantage. Cette plante a été également vantée pour calmer la toux et les douleurs de poitrine, dissiper les spasmes et l'oppression. Elle agirait à la fois par son arôme, son principe amer et son mucilage.

On emploie les feuilles sous forme d'infusion et de sirop. Elles font aussi la base de certaines préparations usitées en parfumerie.

TABLE GÉNÉRALE DES MATIÈRES

2243.74. — Boulogne (Seine). — Imprimerie JULES BOYER et Cie.
Administration : rue Neuve-Saint-Augustin, 11, à Paris.

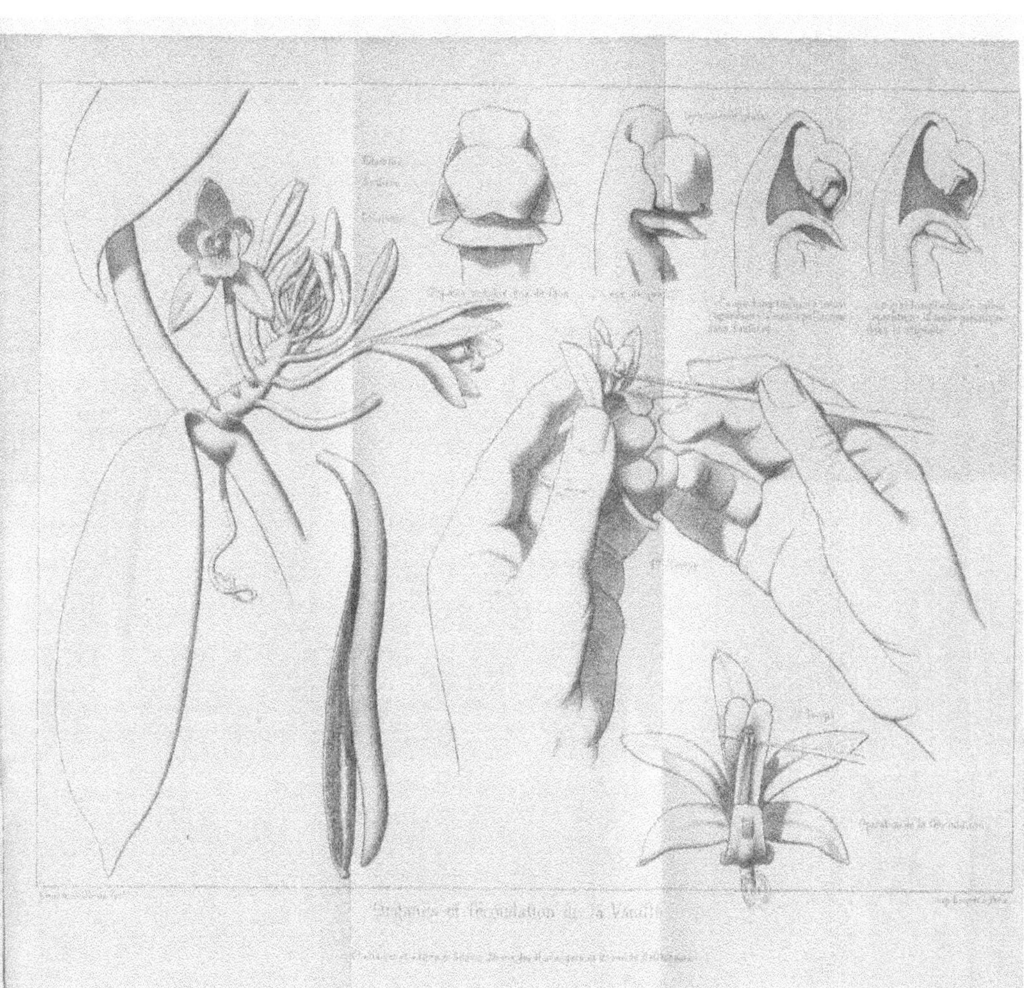

Organes et fécondation de la Vanille

www.ingramcontent.com/pod-product-compliance
Ingram Content Group UK Ltd.
Pitfield, Milton Keynes, MK11 3LW, UK
UKHW021505260726
13993UKWH00004B/1562